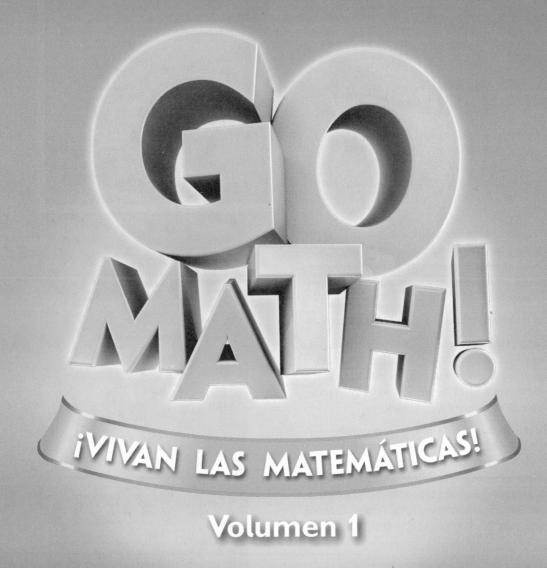

GO MATH!

¡VIVAN LAS MATEMÁTICAS!

Volumen 1

© Houghton Mifflin Harcourt Publishing Company • Cover Image Credits: (Grey Wolf pup) ©Don Johnson/All
Canada Photos/Getty Images; (Rocky Mountains, Montana) ©Sankar Salvady/Flickr/Getty Images

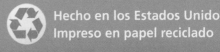

Hecho en los Estados Unidos
Impreso en papel reciclado

Houghton
Mifflin
Harcourt

Printed in the U.S.A

ISBN 978-1-328-99503-2

3 4 5 6 7 8 9 10   0877   24 23 22 21 20 19

4500746694   A B C D E F G

Estimados estudiantes y familiares:

Bienvenidos a **Go Math! ¡Vivan las matemáticas!** para 1.er grado. En este estimulante programa de matemáticas, encontrarán actividades prácticas y problemas de la vida diaria que tendrán que resolver. Y lo mejor de todo es que podrán escribir sus ideas y respuestas directamente en el libro. El hecho de que puedan escribir y dibujar en las páginas, les ayudará a percibir más detalladamente lo que están aprendiendo y las matemáticas serán fáciles de entender.

También deseamos compartir con ustedes algo muy importante: se ha usado papel reciclado en la impresión de este libro. Queremos que sepan que al participar en el programa **Go Math! ¡Vivan las matemáticas!** ustedes estarán ayudando a proteger el medio ambiente.

Atentamente,
Los autores

Hecho en los Estados Unidos
Impreso en papel reciclado

© Houghton Mifflin Harcourt Publishing Company • Image Credits: (bg) ©Sankar Salvady/Flickr/Getty Images; (t) ©Blaine Harrington III/Alamy Images; (c) ©Don Johnston/All Canada Photos/Getty Images; (b) ©Erich Kuchling/Westend61/Corbis

GO MATH!
¡VIVAN LAS MATEMÁTICAS!

Autores

Juli K. Dixon, Ph.D.
Professor, Mathematics Education
University of Central Florida
Orlando, Florida

Edward B. Burger, Ph.D.
President, Southwestern University
Georgetown, Texas

Steven J. Leinwand
Principal Research Analyst
American Institutes for
 Research (AIR)
Washington, D.C.

Colaboradora

Rena Petrello
Professor, Mathematics
Moorpark College
Moorpark, California

Matthew R. Larson, Ph.D.
K-12 Curriculum Specialist for
 Mathematics
Lincoln Public Schools
Lincoln, Nebraska

Martha E. Sandoval-Martinez
Math Instructor
El Camino College
Torrance, California

Consultores de English Language Learners

Elizabeth Jiménez
CEO, GEMAS Consulting
Professional Expert on English
 Learner Education
Bilingual Education and
 Dual Language
Pomona, California

Operaciones y pensamiento algebraico

La gran idea Desarrollar un conocimiento conceptual de los conceptos y estrategias para sumar y restar.

 Librito de vocabulario Animales de nuestro mundo 1

La gran idea

 APRENDE EN LÍNEA

¡Aprende en línea! Tus lecciones de matemáticas son interactivas. Usa *i*Tools, Modelos matemáticos animados y el Glosario multimedia entre otros.

Presentación del Capítulo 1

En este capítulo, explorarás y descubrirás las respuestas a las siguientes **Preguntas esenciales:**

• ¿Cómo representas la suma con números hasta 10?
• ¿Cómo muestras cómo agregar cosas a un grupo?
• ¿Cómo representas lo que estás juntando?
• ¿Cómo muestras cómo sumar en cualquier orden?

Presentación del Capítulo 2

En este capítulo, explorarás y descubrirás las respuestas a las siguientes **Preguntas esenciales:**

• ¿Cómo puedes restar números hasta el 10 o menores?
• ¿Cómo representas cómo separar?
• ¿Cómo muestras cómo quitar de un grupo?
• ¿Cómo restar para comparar?

Entrenador personal en matemáticas
Evaluación e intervención en línea

Práctica y tarea

Repaso de la lección y Repaso en espiral en cada lección

3 Estrategias de suma 127

4 Estrategias de resta 207

5 Relaciones de suma y resta 251

Presentación del Capítulo 5

En este capítulo, explorarás y descubrirás las respuestas a las siguientes **Preguntas esenciales:**

• ¿Cómo pueden ayudarte la suma y la resta relacionadas a aprender y comprender las operaciones con números hasta el 20?

• ¿Cómo se anulan la suma y la resta una a la otra?

• ¿Cuál es la relación entre las operaciones relacionadas?

• ¿Cómo puedes hallar los números desconocidos en operaciones relacionadas?

Presentación del Capítulo 6

En este capítulo, explorarás y descubrirás las respuestas a las siguientes **Preguntas esenciales:**

- ¿Cómo usas el valor posicional para hacer un modelo, leer y escribir números hasta el 120?

- ¿De qué maneras puedes usar las decenas y las unidades para hacer modelos de los números hasta el 120?

- ¿Cómo cambian los números a medida que cuentas de diez en diez hasta 120?

Entrenador personal en matemáticas
Evaluación e intervención en línea

VOLUMEN 2

Números y operaciones en base diez

La gran idea Desarrollar un conocimiento conceptual del valor posicional.

Presentación del Capítulo 7

En este capítulo, explorarás y descubrirás las respuestas a las siguientes **Preguntas esenciales**:

• ¿Cómo usas el valor posicional para comparar números?

• ¿De qué forma puedes usar las decenas y las unidades para comparar números de 2 dígitos?

• ¿Cómo puedes hallar 10 más y 10 menos que un número?

Práctica y tarea

Repaso de la lección y Repaso en espiral en cada lección

Presentación del Capítulo 8

En este capítulo, explorarás y descubrirás las respuestas a las siguientes **Preguntas esenciales**:

• ¿Cómo puedes sumar y restar números de dos dígitos?

• ¿De qué forma puedes usar las decenas y las unidades para comparar números de 2 dígitos?

• ¿Cómo puede ayudarte el formar una decena a sumar números de dos dígitos y de un dígito?

La gran idea

LÍNEA

¡Visítanos en Internet!
Tus lecciones de
matemáticas son
interactivas. Usa *i*Tools,
Modelos matemáticos
animados y el Glosario
multimedia entre otros.

Presentación del Capítulo 9

En este capítulo, explorarás
y descubrirás las respuestas
a las siguientes **Preguntas
esenciales**:

• ¿Cómo puedes medir una
longitud y saber la hora?

• ¿Cómo puedes describir
cómo usar clips para medir
la longitud de un objeto?

• ¿Cómo puedes usar el
horario y el minutero de
un reloj para saber si es la
hora y la media hora?

Entrenador personal en matemáticas
Evaluación e
intervención en línea

X

Medición y datos

La gran idea Medir con unidades no convencionales y desarrollar un conocimiento conceptual del tiempo. Representar datos en una gráfica con dibujos, una gráfica de barras y hojas de conteo.

10 Representar datos 571

Presentación del Capítulo 10

En este capítulo, explorarás y descubrirás las respuestas a las siguientes **Preguntas esenciales:**

• ¿Cómo te pueden ayudar las gráficas y las tablas a organizar, representar e interpretar datos?

• ¿Cómo puedes observar una gráfica o tabla para decir cuál es el elemento más o menos popular sin contar?

• ¿En qué se parecen las tablas de conteo, las gráficas con dibujos y las gráficas de barras? ¿En qué se diferencian?

• ¿Cómo puedes comparar la información anotada en una gráfica?

Práctica y tarea

Repaso de la lección y Repaso en espiral en cada lección

Presentación del Capítulo II

En este capítulo, explorarás
y descubrirás las respuestas
a las siguientes **Preguntas
esenciales:**

• ¿Cómo puedes identificar
y describir figuras
tridimensionales?

• ¿Cómo puedes combinar
figuras tridimensionales
para formar figuras nuevas?

• ¿Cómo puedes usar una
figura combinada para
formar una figura nueva?

• ¿Qué figuras
bidimensionales hay en las
figuras tridimensionales?

Presentación del Capítulo I2

En este capítulo, explorarás
y descubrirás las respuestas
a las siguientes **Preguntas
esenciales:**

• ¿Cómo clasificas y
describes figuras
bidimensionales?

• ¿Cómo puedes describir
figuras bidimensionales?

• ¿Cómo puedes identificar
partes iguales y desiguales
en figuras bidimensionales?

Geometría

La gran idea Identificar, describir y combinar tanto figuras bidimensionales
como tridimensionales. Desarrollar un conocimiento conceptual de partes iguales y
desiguales.

Animales de nuestro mundo

escrito por Martha Sibert

LA GRAN IDEA Desarrollar una comprensión conceptual de las estrategias de suma y resta.

1

Los dos loritos están posados en la rama.

¿Cuántos picos ves? ___

Ciencias

¿Dónde viven los loros?

Cuatro elefantes caminan.

Todos son de la misma especie.

¿Cuántas trompas ves? ____

Ciencias

¿Dónde viven los elefantes?

Hay tres pingüinos de pie. Uno es pequeñito.

Cada uno tiene dos patas. ¿Cuántas patas

hay en total? ___

© Houghton Mifflin Harcourt Publishing Company • Image Credits:©Tim Davis/Davis Lynn Wildlife/Corbis

Ciencias

¿Dónde viven los pingüinos?

Cuatro leones descansan felices.

Mírales las orejas. ¿Cuántas ves? ___

Ciencias

¿Dónde viven los leones?

5

Hay cinco jirafas paradas, muy altas.

¿Cuántos cuernitos tienen en total? ____

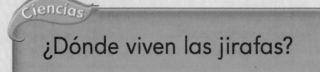

Ciencias

¿Dónde viven las jirafas?

Escribe sobre el cuento

ESCRIBE **Matemáticas** Dibuja más osos. Luego escribe un problema de suma o un problema de resta.

Repaso del vocabulario

más +   menos −

_____

- - - - - - - - - - - - - - - -

_____

_____

- - - - - - - - - - - - - - - -

_____

_____

- - - - - - - - - - - - - - - -

_____

Escribe el enunciado de suma o de resta.   ___  ___ ___

¿Cuántas orejas hay?

Observa la ilustración de los pandas.
¿Qué pasaría si hubiera cinco pandas?
¿Cuántas orejas habría?

Haz un dibujo para explicarlo.

Cinco pandas tendrían _____ orejas.

 Haz una pregunta sobre otro animal del cuento. Pide a un compañero que haga un dibujo para responder tu pregunta.

Conceptos de suma

Aprendo más con

Jorge el Curioso

¿Cuántos gatitos puedes sumarle al grupo para que haya 10 gatitos? Explica.

 **Muestra lo que sabes**

Explora números del 1 al 4

Usa ⬤ para mostrar el número.
Dibuja las ⬤.

1. | 1 | |

2. | 3 | |

Números del 1 al 10

¿Cuántos objetos hay en cada grupo?

3.

_____ pollitos

4.

_____ huevos

5.

_____ flores

Números del 0 al 10

¿Cuántos puntos tienen las mariquitas?

6.

_____

7.

_____

8.

_____

9.

_____

Esta página es para verificar la comprensión de las destrezas
importantes que se necesitan para tener éxito en el Capítulo I.

Nombre _____

Desarrollo del vocabulario

Palabras de repaso

agregar

sumar

1 más

Visualízalo

Haz un dibujo para mostrar 1 más.
Haz un dibujo para mostrar cómo agregar.

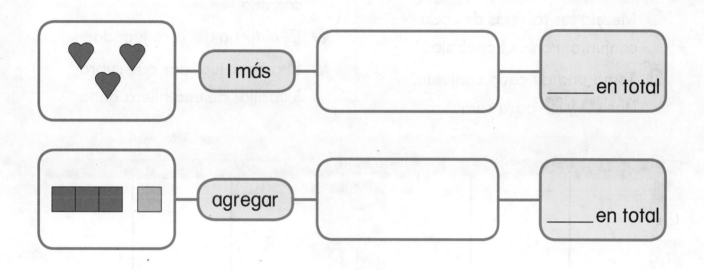

_____ en total

_____ en total

Comprende el vocabulario

Completa los enunciados con las palabras de repaso.

1. Sue quiere saber cuántas fichas
   hay en dos grupos. Puede _____
   para descubrirlo.

2. Peter tiene 2 manzanas. May tiene 3 manzanas.
   May tiene _____ que Peter.

Juego Bingo de suma

Materiales

- 2 conjuntos de tarjetas con números del 0 al 4.
- 18 ⬤   • 4 ▪   • 4 ▪

Juega con un compañero.

1. Mezcla las tarjetas de cada conjunto. Ponlos bocabajo.

2. Toma una de cada conjunto. Une ▪ y ▪ para sumar.

3. El otro jugador comprueba tu resultado.

4. Si es correcto, cubre el número con una ⬤.

5. Es el turno del otro jugador.

6. El primer jugador que cubra 3 casillas de una hilera gana.

7	1	8
3	6	5
0	2	4

Jugador 1

2	4	3
7	5	0
1	8	6

Jugador 2

Vocabulario del Capítulo 1

cero zero 0 2	**enunciado de suma** addition sentence 24
es igual a is equal to (=) 25	**más** plus (+) 37
orden order 46	**suma** sum 53
sumando addend 54	**sumar** add 55

$$4 \quad + \quad 2 \quad = \quad 6$$

es un **enunciado de suma.**

Cuando le sumas **cero** a cualquier número, la suma es la misma.

$$6 \quad + \quad 0 \quad = 6$$

$$2 \quad \text{más} \quad 1 \quad \text{es igual a} \quad 3$$
$$2 \quad + \quad 1 \quad = \quad 3$$

$$2 \quad \text{más} \quad 1 \quad \textbf{es igual a} \; 3$$
$$2 \quad + \quad 1 \quad = \quad 3$$

2 más 1 es igual a 3.
La **suma** es 3.

Puedes cambiar el **orden** de los sumandos.

$$1 + 3 = 4 \qquad 3 + 1 = 4$$

$$3 + 2 = 5$$

$$5 \quad + \quad 3 \quad = \quad 8$$

sumandos

De visita en el zoológico

Materiales

- I
- I
- I

Instrucciones

1. Cada jugador coloca un  en SALIDA.

2. Lanza el  para tomar un turno. Mueve tu  el número de espacios que te indica.

3. Si caes en estos espacios:

   Espacio blanco Lee la palabra o símbolo de matemáticas. Di su significado. Si estás en lo correcto, avanza al siguiente espacio. Si no, quédate en donde estás.

   Espacio verde Sigue las instrucciones. Si no las hay, quédate en donde estás.

4. Gana el primer jugador en llegar a la META.

Recuadro de palabras

sumar
sumandos
enunciado de suma
es igual a (=)
orden
más (+)
suma
cero

Juego

INSTRUCCIONES

1. Pon tu en SALIDA.

2. Lanza el 🎲 y mueve tu 📷 ese número de espacios.

3. Si caes en alguno de estos espacios.

Espacio blanco Explica la palabra de matemáticas o úsala en una oración.

Si tu respuesta es correcta, pasa al siguiente espacio que tenga esa palabra.

Espacio verde Sigue las instrucciones. Si no las hay, quédate en donde estás.

4. Gana el primer jugador en llegar a la META.

MATERIALES

=	sumandos	más
Regresa a	suma	sumar
es igual a		orden
Regresa a	+	enunciado de suma
SALIDA	cero	orden

Juego

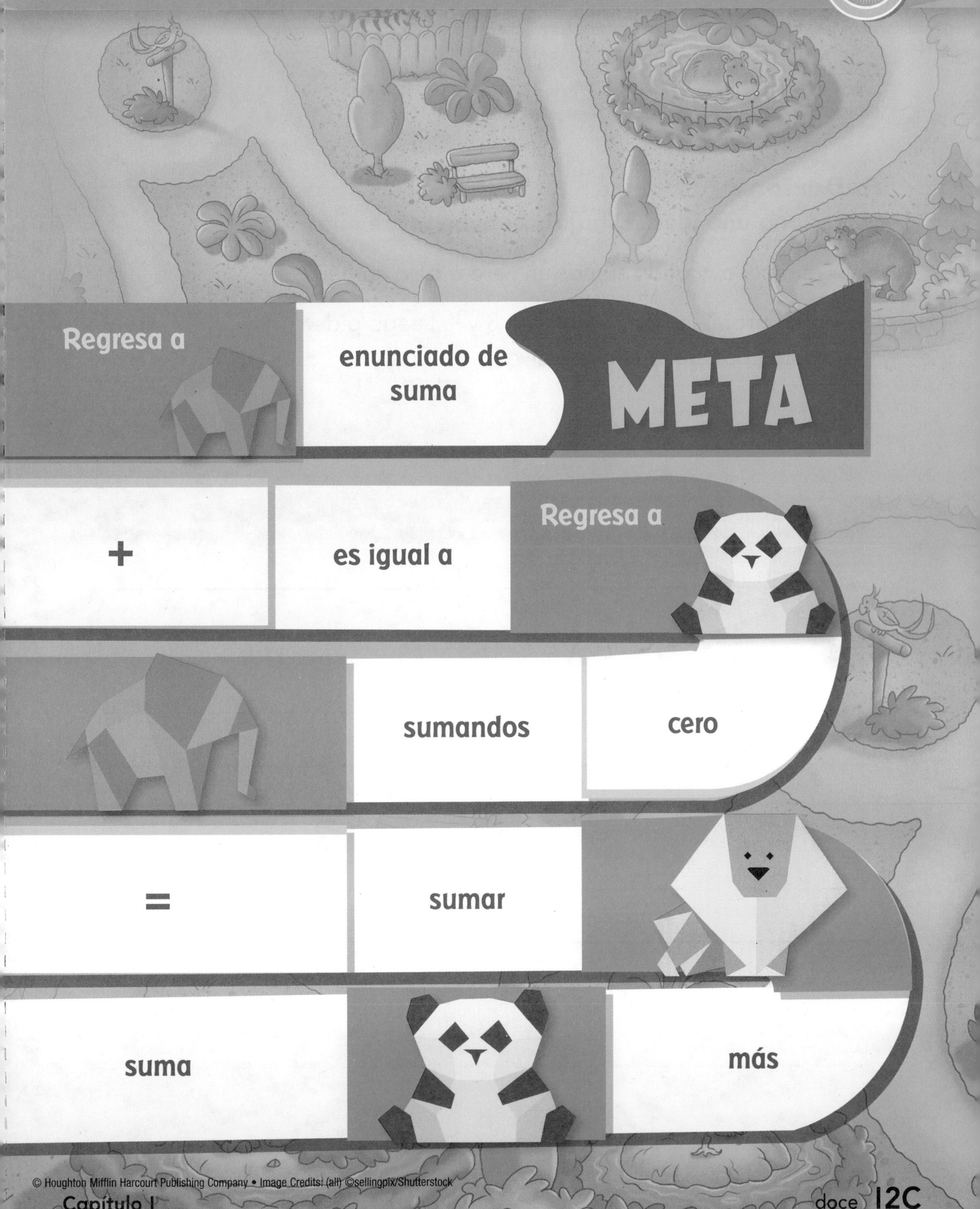
Regresa a
enunciado de suma
META
+
es igual a
Regresa a
sumandos
cero
=
sumar
suma
más

Diario

Escríbelo

Reflexiona

Selecciona una idea. Dibuja y escribe sobre ella.

- Di qué pasa cuando sumas un cero a otro número.

- Haz un problema de suma. Usa 3 y 4. Luego pide a un compañero que lo resuelva.

Álgebra • Agregar con los dibujos

Pregunta esencial ¿Cómo muestran los dibujos lo que estamos agregando?

Objetivo de aprendizaje Usarás dibujos para agregar y hallar sumas.

Escucha y dibuja En el mundo

Haz un dibujo para mostrar lo que agregas. Escribe cuántos hay.

_____ mariquitas

Charla matemática

PRÁCTICAS Y PROCESOS MATEMÁTICOS 4

Representa Explica cómo el dibujo muestra el problema.

PARA EL MAESTRO • Lea el siguiente problema. Pida a los niños que hagan un dibujo que muestre el problema. Hay 3 mariquitas en una hoja. Llegan 2 mariquitas más. ¿Cuántas mariquitas hay ahora?

Representa y dibuja

2 gatos   y   1 gato más   __3__ gatos **en total**

Comparte y muestra

MATH BOARD

Escribe cuántos hay.

☑1.

3 peces   y   1 pez más   _____ peces

☑2.

4 abejas   y   4 abejas más   _____ abejas

Nombre _____

PRÁCTICAS Y PROCESOS MATEMÁTICOS ④ **Haz un modelo de matemáticas**

Escribe cuántos hay.

3.

2 mariposas   y   **4** mariposas más   ____ mariposas

4.
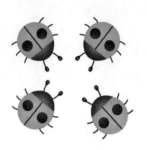

4 mariquitas   y   **3** mariquitas más   ____ mariquitas

5. **PIENSA MÁS** Evan y Luke ven
8 gusanitos en el sendero. Luke ve
2 gusanitos más que Evan. Evan
ve 3 gusanitos. ¿Cuántos gusanitos
ve Luke?

____ gusanitos

Resolución de problemas • Aplicaciones  ESCRIBE ▸ Matemáticas

6. PIENSA MÁS   Colorea las aves para mostrar cómo resolver.

Hay 3 aves rojas. Llegan otras aves azules.
¿Cuántas aves azules hay?

Hay _____ aves azules.

7. PIENSA MÁS   Señala cuántas hormigas hay.

3 hormigas   y   2 hormigas más

3
4
5

hormigas

ACTIVIDAD PARA LA CASA • Pida a su niño que use animales
de peluche u otros juguetes para mostrar 3 animales.
Luego agregue al grupo 2 animales más. Pregunte
cuántos animales hay. Repita la actividad con otras
combinaciones de animales con totales de hasta 10.

Álgebra • Agregar con las ilustraciones

Objetivo de aprendizaje Usarás dibujos para agregar y hallar sumas.

Escribe cuántos hay.

1.

5 caballos   y   3 caballos más   _____ caballos

- -

2.

3 perros   y   2 perros más   _____ perros

Resolución de problemas En el mundo

3. Hay 2 conejos. Llegan 5 conejos.
¿Cuántos conejos hay ahora?

Hay _____ conejos.

4. ESCRIBE ▸ Matemáticas Usa dibujos y
números para mostrar 4 perros
y 1 perro más. Luego escribe
cuántos perros hay.

Repaso de la lección

1. ¿Cuántas aves hay?

Escribe el número.

2 aves   y   6 aves más   _____ aves

Repaso en espiral

2. ¿Cuántos caballos hay?

Escribe el número.

_____ caballos

3. ¿Cuántos conejos hay?

Escribe el número.

_____ conejos

4. ¿Cuántos perros hay?

Escribe el número.

_____ perros

PRACTICA MÁS CON EL
Entrenador personal
en matemáticas

Nombre _____

Hacer un modelo de lo que agregas

Pregunta esencial ¿Cómo haces un modelo de cuando agregas cosas a un grupo?

Objetivo de aprendizaje Usarás objetos para mostrar lo que agregas.

Escucha y dibuja En el mundo

Usa ▆ para mostrar lo que agregas.
Haz un dibujo de tu trabajo.

PARA EL MAESTRO • Lea el siguiente problema. Pida a los niños que usen cubos interconectables para representar el problema y que hagan un dibujo que muestre su trabajo. Hay 6 niños en el patio de juegos. Llegan 2 niños más. ¿Cuántos niños hay en el patio de juegos?

Charla matemática PRÁCTICAS Y PROCESOS MATEMÁTICOS 6

Explica cómo usas cubos para encontrar la respuesta.

5 tortugas   y   2 tortugas más

5	$+$	2	$=$	7
	más		**es igual a**	**suma**

$5 + 2 = 7$ es un **enunciado de suma.**

Comparte y muestra | MATH BOARD

Usa  para mostrar lo que agregas.
Dibuja los ⬛. Escribe la suma.

1. 3 gatos y 1 gato más

2. 2 aves y 3 aves más

$3 + 1 = $ _____

$2 + 3 = $ _____

3. 4 insectos y 4 insectos más

4. 4 peces y 2 peces más

$4 + 4 = $ _____

$4 + 2 = $ _____

Nombre _____

Por tu cuenta

PRÁCTICAS Y PROCESOS MATEMÁTICOS **5** **Usa las herramientas adecuadas**

Usa  para mostrar lo que agregas. Dibuja los .
Escribe la suma.

5. 5 perros y 4 perros más

$$5 + 4 = \underline{\quad}$$

6. 4 abejas y 3 abejas más

$$4 + 3 = \underline{\quad}$$

7. PIENSA MÁS Julia tiene 4 libros sobre la mesa. Pone uno más. Luego pone 2 libros más sobre la mesa. ¿Cuántos libros hay sobre la mesa?

Matemáticas al instante

_____ libros

8. MÁS AL DETALLE Diego dibujó cubos para mostrar lo que estaba agregando. Haz un dibujo que muestre cómo debería Diego ajustar su dibujo. Escribe la suma.

$$2 + 8 = \underline{\quad}$$

Resolución de problemas • Aplicaciones

ESCRIBE ▸ Matemáticas

PIENSA MÁS Usa la ilustración como ayuda para completar los enunciados de suma. Escribe la suma.

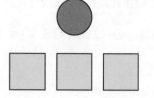

9. ___ △ + ___ △ = ___ △ en total

10. ___ ● + ___ ● = ___ ● en total

11. ___ ▢ + ___ ▢ = ___ ▢ en total

Entrenador personal en matemáticas

12. **PIENSA MÁS ✚** Utiliza 🎲 para mostrar lo que agregas. Dibuja los 🎲. Escribe la suma.

3 conejos y 5 conejos más

$$3 + 5 = \boxed{}$$

 ACTIVIDAD PARA LA CASA • Coloque 3 objetos pequeños en un grupo y 2 objetos pequeños en otro grupo. Pida a su niño que escriba un enunciado de suma sobre los objetos pequeños. Repita la actividad con otras combinaciones de objetos pequeños con sumas de hasta 10.

Hacer un modelo de lo que agregas

Usa para mostrar cómo agregar.
Dibuja el . Escribe la suma.

Objetivo de aprendizaje Usarás objetos para mostrar lo que agregas.

I. 5 hormigas y I hormiga más

2. 3 gatos y 4 gatos más

$$5 + 1 = \underline{}$$

$$3 + 4 = \underline{}$$

Resolución de problemas (En el mundo)

Usa el dibujo como ayuda para completar
los enunciados de suma. Escribe
cada suma.

3. ___ + ___ = ___ en total

4. ___ + ___ = ___ en total

5. **ESCRIBE** **Matemáticas** Usa cubos
para mostrar cómo sumar I
tortuga a 5 tortugas. Dibuja
los cubos.

Repaso de la lección

1. Dibuja el . Escribe la suma. ¿Cuál es la suma de 4 y 2?

$$4 + 2 = \underline{\hspace{2em}}$$

Repaso en espiral

2. ¿Cuántos conejos hay?

    Escribe el número.

    5 conejos   y   2 conejos más   _____ conejos

3. ¿Cuántos perros hay?

    Escribe el número.

    5 perros   y   2 perros más   _____ perros

4. ¿Cuántas aves hay?

    Escribe el número.

    6 aves   y   1 ave más   _____ aves

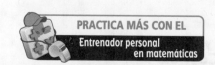

PRACTICA MÁS CON EL
Entrenador personal
en matemáticas

Nombre _____

Hacer un modelo de lo que juntas

Pregunta esencial ¿Cómo haces un modelo de lo que estás juntando?

Objetivo de aprendizaje Usarás objetos para mostrar lo que juntas.

Escucha y dibuja En el mundo

Usa o un *i*Tool para representar el problema. Haz un dibujo de tu modelo. Escribe los números y el enunciado de suma.

_____ crayones rojos   _____ crayones amarillos

__2__ $\oplus$ __3__ $\ominus$ _____

Hay _____ crayones.

Charla matemática

PRÁCTICAS Y PROCESOS MATEMÁTICOS

Describe cómo te ayuda el dibujo a escribir el enunciado de suma.

PARA EL MAESTRO • Lea el siguiente problema. Hay 2 crayones rojos y 3 crayones amarillos. ¿Cuántos crayones hay?

Capítulo 1

Suma para hallar cuántos libros hay.

Hay 2 libros pequeños y 1 libro grande. ¿Cuántos libros hay?

____ libros

2 (+) 1 (=) ____

Comparte y muestra

Usa ● para resolver. Haz un dibujo que muestre tu trabajo. Escribe el enunciado numérico y cuántos hay.

☑1. Hay 4 lápices rojos y
2 lápices verdes.
¿Cuántos lápices hay?

____ lápices

____ ◯ ____ ◯ ____

☑2. Hay 5 tazas azules
y 3 tazas amarillas.
¿Cuántas tazas hay?

____ tazas

____ ◯ ____ ◯ ____

Nombre _____

Por tu cuenta

PRÁCTICAS Y PROCESOS MATEMÁTICOS 4 **Escribe una ecuación** Usa ⬤ para resolver. Haz un dibujo que muestre tu trabajo. Escribe el enunciado numérico y cuántos hay.

3. Hay 3 gatos pequeños
y 4 gatos grandes.
¿Cuántos gatos hay?

____ gatos   ___ ⃝ ___ ⃝ ___

4. Hay 6 cubos rojos
y 3 cubos azules.
¿Cuántos cubos hay?

____ cubos   ___ ⃝ ___ ⃝ ___

5. Hay 2 flores rojas
y 8 flores amarillas.
¿Cuántas flores hay?

____ flores   ___ ⃝ ___ ⃝ ___

6. **PIENSA MÁS** Hay 4 niños y 4 niñas corriendo. Luego llegan dos personas más. Hay el mismo número de niños y niñas. ¿Cuántos niños y niñas están corriendo?

Matemáticas al instante

____ niñas y ____ niños

Resolución de problemas • Aplicaciones En el mundo

ESCRIBE Matemáticas

7. PIENSA MÁS Escribe tu propio problema de suma.

_____

_____

_____

_____

_____

_____

8. Usa ● para resolver tu problema.
Haz un dibujo que muestre tu trabajo.
Escribe el enunciado numérico.

___ ◯ ___ ◯ ___

9. PIENSA MÁS Dibuja ● para resolver.
Escribe el enunciado numérico y cuántos hay.

Hay 4 manzanas amarillas y
4 manzanas rojas. ¿Cuántas
manzanas hay?

_____ manzanas

___ ◯ ___ ◯ ___

ACTIVIDAD PARA LA CASA • Pida a su niño que
reúna un grupo de hasta 10 objetos y los use para
inventar problemas de suma.

Hacer un modelo de lo que juntas

Usa ◯ para resolver. Haz un dibujo que muestre tu trabajo. Escribe el enunciado numérico y cuántos hay.

Objetivo de aprendizaje Usarás objetos para mostrar lo que juntas.

1. Hay 2 perros grandes y 4 perros pequeños. ¿Cuántos perros hay?

____ perros

___ ◯ ___ ___ ◯ ___

2. Hay 3 crayones rojos y 2 crayones verdes. ¿Cuántos crayones hay?

____ crayones

___ ___ ◯ ___ ___ ◯ ___

Resolución de problemas En el mundo

3. Escribe tu propio problema de suma.

_____
- - - - - - - - - - - - - - - - -
_____
- - - - - - - - - - - - - - - - -

4. ESCRIBE ▸ Matemáticas Escribe tu propio problema de suma. Dibuja fichas para ayudarte a resolver.

_____

_____

Repaso de la lección

1. Usa ● para resolver. Dibuja para mostrar tu trabajo.
Escribe el enunciado numérico y cuántos hay. Hay 3 gatos
negros y 2 gatos marrones. ¿Cuántos gatos hay?

●●● ●●

___ gatos   ___○___○___

2. Usa ● para resolver. Dibuja para mostrar tu trabajo.
Hay 4 flores rojas y 3 flores amarillas. ¿Cuántas flores hay?

●●●● ●●●

___ flores   ___○___○___

Repaso en espiral

3. Usa ⬚ para mostrar lo que agregas. Dibuja los ⬚.
Escribe la suma. 6 tortugas y 3 tortugas más.

6 + 3 = ___

4. Dibuja el ⬚. Escribe la suma. 2 peces y 1 pez más.

2 + 1 = ___

PRACTICA MÁS CON EL
**Entrenador personal
en matemáticas**

Resolución de problemas • Hacer un modelo de la suma

Pregunta esencial ¿Cómo resuelves problemas de suma haciendo un modelo?

Objetivo de aprendizaje Usarás la estrategia de *hacer un modelo* para resolver problemas de suma de la vida real.

Hanna tiene 4 flores rojas en un .
Pone 2 flores más en el .
¿Cuántas flores hay en el ?
¿Cómo harías un modelo para saberlo?

Soluciona el problema En el mundo

¿Qué debo hallar?

Las **flores** que tiene Hanna.

¿Qué información debo usar?

__4__ flores rojas

__2__ flores más

Muestra cómo resolver el problema.

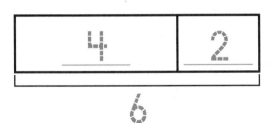

$$4 + 2 = \underline{}$$

NOTA A LA FAMILIA • Su niño puede hacer modelos de los conceptos de agregar y juntar. Usó un modelo de barras para mostrar los problemas y la solución.

Lee el problema. Usa el modelo de barras para resolver. Completa el modelo y el enunciado numérico.

- ¿Qué debo hallar?
- ¿Qué información debo usar?

1. Hay 7 perros en el parque. Luego llega 1 perro más. ¿Cuántos perros hay en el parque ahora?

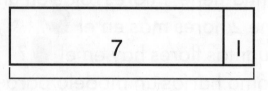

_____

$7 + 1 = \_\_\_$

2. Unos pajaritos están en el árbol. Cuatro pajaritos más llegan al árbol. ¿Cuántos pajaritos hay ahora en el árbol?

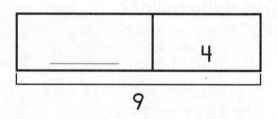

$\_\_\_ + 4 = 9$

3. Había 4 caballos en la pradera. Llegaron otros caballos corriendo. Ahora hay 10 caballos en la pradera. ¿Cuántos caballos llegaron corriendo a la pradera?

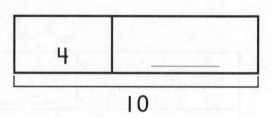

$4 + \_\_\_ = 10$

Charla matemática

PRÁCTICAS Y PROCESOS MATEMÁTICOS

Analiza En el Ejercicio 1, ¿cómo cambiará el modelo si hay 5 perros y llegan 3?

Comparte y muestra

PRÁCTICAS Y PROCESOS MATEMÁTICOS ④ **Usa diagramas** Lee el problema.
Usa el modelo de barras para resolver.
Completa el modelo y el enunciado numérico.

4. **PIENSA MÁS** Luis tiene
12 crayones. Tiene 5
crayones rojos. El resto
son azules. ¿Cuántos
crayones son azules?

5	_____

12

$$5 + \underline{} = 12$$

5. Hay 8 insectos volando.
Llegan volando 2 insectos
más. ¿Cuántos insectos
vuelan ahora?

8	2

_____

$$8 + 2 = \underline{}$$

6. **PIENSA MÁS** Hay unos patos
nadando en el estanque.
Llegan 3 patos más a
nadar en el estanque.
Ahora hay 6 patos en
el estanque. ¿Cuántos
patos había en el
estanque antes?

_____	3

6

$$\underline{} + 3 = 6$$

ACTIVIDAD PARA LA CASA • Pida a su niño que
describa cada una de las partes del modelo
de barras usando el enunciado numérico 7 + 3 = 10.

Revisión de la mitad del capítulo

Conceptos y destrezas

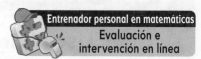

Usa para mostrar cómo sumar.
Dibuja los . Escribe la suma.

I. 3 mariquitas y 4 mariquitas más

$$3 + 4 = \underline{\quad}$$

2. 4 focas y 2 focas más

$$4 + 2 = \underline{\quad}$$

Usa ⬤ para resolver. Haz un dibujo que muestre tu trabajo.
Escribe el enunciado numérico y cuántos hay.

3. Hay 5 canicas rojas y 4 canicas azules. ¿Cuántas canicas hay?

_____ canicas

_____ ◯ _____ — _____ ◯ _____

4. PIENSA MÁS ✚ Hay 6 conejos en el jardín. Luego llegan más conejos. Ahora hay 8 conejos en el jardín. ¿Cuántos conejos llegaron?

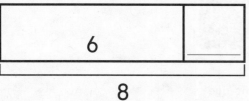

6	

8

$$6 + \underline{\quad} = 8$$

Resolución de problemas •
Hacer un modelo de la suma

Objetivo de aprendizaje Usarás la estrategia de *hacer un modelo* para resolver problemas de suma de la vida real.

Lee el problema. Usa el modelo de barras para resolver. Completa el modelo y el enunciado numérico.

1. Dylan tiene 7 flores.
   4 flores son rojas.
   El resto son amarillas.
   ¿Cuántas flores amarillas tiene?

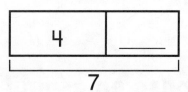

$4 + \underline{\quad} = 7$

2. Cinco aves vuelan en grupo.
   Llegan 4 aves más al grupo.
   ¿Cuántas aves hay ahora en el grupo?

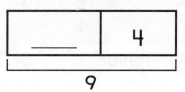

$\underline{\quad} + 4 = 9$

3. Hay 6 gatos caminando.
   Llega 1 gato más a caminar con ellos. ¿Cuántos gatos caminan ahora?

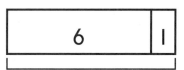

$6 + 1 = \underline{\quad}$

4. **ESCRIBE** **Matemáticas** Escribe un problema que tenga dos partes. Luego resuélvelo hallando el entero.

_____

_____

_____

_____

Repaso de la lección

1. Completa el modelo y el enunciado numérico. Hay 3 patos en un estanque. Llegan 6 patos más. ¿Cuántos patos hay en el estanque ahora?

3	6

____

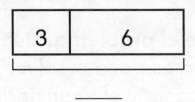

$3 + 6 =$ ____

Repaso en espiral

2. Escribe el enunciado numérico y cuántas hay. Hay 4 uvas verdes y 4 uvas rojas. ¿Cuántas uvas hay?

____ uvas

____ ◯ ____ ◯ ____

3. Dibuja el ▢. Escribe la suma.
7 mariquitas y 3 mariquitas más

$7 + 3 =$ ____

4. Dibuja el ▢. Escribe la suma.
6 hormigas y 2 hormigas más

$6 + 2 =$ ____

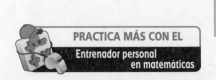

PRACTICA MÁS CON EL
Entrenador personal en matemáticas

Nombre _____

Álgebra • Sumar cero

Pregunta esencial ¿Qué sucede cuando le sumas 0 a un número?

Objetivo de aprendizaje Comprenderás lo que ocurre cuando le sumas 0 a un número.

Escucha y dibuja

Haz un modelo del problema usando ⬤.
Dibuja las ⬤ que uses.

PARA EL MAESTRO • Lea el siguiente problema. Scott tiene 4 canicas. Jennifer no tiene canicas. ¿Cuántas canicas tienen ambos?

Charla matemática

PRÁCTICAS Y PROCESOS MATEMÁTICOS 4

Representa el problema de modo que muestre a Jennifer con 4 canicas y a Scott sin ninguna canica. ¿Cómo cambia el dibujo?

¿Qué sucede cuando le sumas **cero** a un número?

¿Qué sucede cuando le sumas un número a cero?

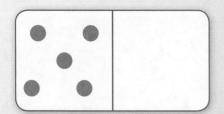

$\underline{5} + \underline{0} = \underline{5}$

suma

$\underline{0} + \underline{3} = \underline{3}$

suma

Comparte y muestra MATH BOARD

Usa la ilustración para escribir cada parte. Escribe la suma.

1.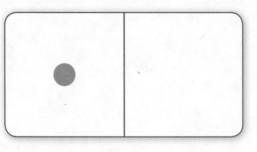

___ + ___ = ___

2.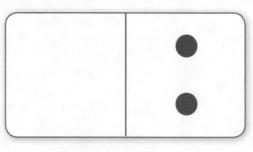

___ + ___ = ___

☑ 3.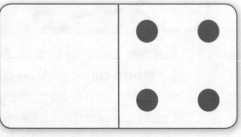

___ + ___ = ___

☑ 4.

___ + ___ = ___

Nombre _____

Dibuja círculos para mostrar el número.
Escribe la suma.

5.

$2 + 0 =$ _____

6.

$0 + 1 =$ _____

7.

$4 + 6 =$ _____

8.

$0 + 5 =$ _____

9.

$3 + 4 =$ _____

10.

$0 + 6 =$ _____

11. **PIENSA MÁS** Hay 5 pájaros rojos.
Hay 3 pájaros verdes.
¿Cuántos pájaros son azules?   _____ pájaros azules

12. **PIENSA MÁS** Maya tenía 7 libros. Eli no tenía
ningún libro. Luego Maya le da 7 libros a Eli.
¿Cuántos libros tiene ahora Maya?

_____ libros

13. **PIENSA MÁS** Completa el enunciado de suma.

_____ + _____ = 0

Resolución de problemas • Aplicaciones  ESCRIBE Matemáticas

PRÁCTICAS Y PROCESOS MATEMÁTICOS ⑧   **Generaliza** Escribe el enunciado de suma para resolver.

14. Mike tiene 7 libros. Cheryl no tiene ningún libro. ¿Cuántos libros tienen ambos?

___ + ___ = ___

___ libros

15. **PIENSA MÁS** Hay 5 aves en total. ¿Cuántas aves hay dentro de la casita?

____ aves

16. **PIENSA MÁS** No había ningún perro en el parque. Luego llegan 5 perros al parque. ¿Cuántos perros hay ahora en el parque?

____ perros

 ACTIVIDAD PARA LA CASA • Escriba los números del 0 al 9 en cuadrados pequeños de papel. Mézclelos y coloque los cuadrados bocabajo. Pida a su niño que dé vuelta al cuadrado y que a ese número le sume cero. Pídale que diga la suma. Repita la actividad con cada cuadrado.

Álgebra • Sumar cero

Dibuja círculos para mostrar el número. Escribe la suma.

Objetivo de aprendizaje Comprenderás lo que ocurre cuando le sumas 0 a un número.

1.

$$0 + 5 = \underline{\quad}$$

2.

$$1 + 3 = \underline{\quad}$$

Resolución de problemas

Escribe el enunciado de suma para resolver.

3. Hay 6 tortugas nadando.
No llega ninguna tortuga.
¿Cuántas tortugas hay ahora?

$\underline{\quad} + \underline{\quad} = \underline{\quad}$

$\underline{\quad}$ tortugas

4. **ESCRIBE** **Matemáticas** Usa dibujos y números para mostrar $8 + 0$.

Repaso de la lección

1. Dibuja ◯ para mostrar cada sumando. Escribe la suma. ¿Cuál es la suma de 0 + 4?

$$0 + 4 = \rule{2em}{0.4pt}$$

Repaso en espiral

2. Completa el modelo y el enunciado numérico. Hay 4 cabras en el establo. Llegan 3 cabras más. ¿Cuántas cabras hay en el establo ahora?

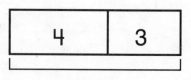

$$\rule{2em}{0.4pt}$$

$$4 + 3 = \rule{2em}{0.4pt}$$

3. Escribe el enunciado numérico y cuántos hay. Hay 7 crayones azules y 1 crayón amarillo. ¿Cuántos crayones hay?

____ crayones

4. Dibuja ▢. Escribe la suma. 3 perros y 3 perros más

$$3 + 3 = \rule{2em}{0.4pt}$$

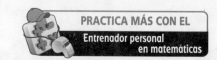

PRACTICA MÁS CON EL
Entrenador personal
en matemáticas

Álgebra • Sumar en cualquier orden

Pregunta esencial ¿Por qué puedes sumar los sumandos en cualquier orden?

Objetivo de aprendizaje Comprenderás por qué puedes sumar sumandos en cualquier orden.

Escucha y dibuja

Haz un modelo del enunciado de suma usando ▣ ▣.
Haz un dibujo que muestre tu trabajo.

PARA EL MAESTRO • Guíe a los niños para que hagan la siguiente actividad. Que usen cubos interconectables para mostrar 2 + 3 y luego 3 + 2.

Charla matemática

Busca estructuras
Explica cómo 2 + 3 = 5 es lo mismo que 3 + 2 = 5.
¿En qué se diferencian?

El **orden** de los **sumandos** cambia.
¿Qué pasa con la suma?

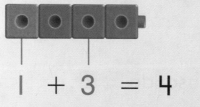

1 + 3 = 4

sumandos   suma

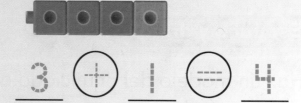

3 ⊕ 1 ⊜ 4

Comparte y muestra   MATH BOARD

Usa  para sumar.
Colorea para emparejar.
Escribe la suma.

Cambia el orden de los sumandos. Colorea para emparejar.
Escribe el enunciado de suma.

1.

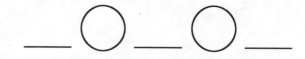

2 + 3 = ___

___ ◯ ___ ◯ ___

⊘ 2.

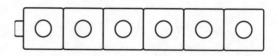

2 + 4 = ___

___ ◯ ___ ◯ ___

⊘ 3.

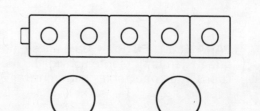

4 + 1 = ___

___ ◯ ___ ◯ ___

Por tu cuenta

PRÁCTICAS Y PROCESOS MATEMÁTICOS **7** **Busca estructuras** Usa . Escribe la suma. Encierra en un círculo los enunciados de suma de cada hilera que tengan los mismos sumandos en diferente orden.

4.

$1 + 2 = $ ___ $1 + 3 = $ ___ $2 + 1 = $ ___

5.

$1 + 5 = $ ___ $4 + 2 = $ ___ $2 + 4 = $ ___

6. PIENSA MÁS Escoge los sumandos para completar el enunciado de suma. Cambia el orden. Escribe los números.

Matemáticas al instante

___ $+$ ___ $= 10$ ___ $+$ ___ $= $ ___

7. MÁS AL DETALLE Escribe dos enunciados de suma sobre los dibujos.

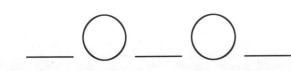

Resolución de problemas • Aplicaciones (En el mundo)   ESCRIBE) Matemáticas

Haz dibujos para emparejar los enunciados
de suma. Escribe la suma.

8. $2 + 6 = $ ___

   $6 + 2 = $ ___

9. $1 + 5 = $ ___

   $5 + 1 = $ ___

10. **PIENSA MÁS**   Dibuja las líneas para unir los mismos
    sumandos en diferente orden.

$$7 + 3 = 10 \qquad 3 + 6 = 9 \qquad 4 + 6 = 10$$

•   •   •

•   •   •

$$6 + 4 = 10 \qquad 3 + 7 = 10 \qquad 6 + 3 = 9$$

ACTIVIDAD PARA LA CASA • Pida a su niño que use
objetos pequeños del mismo tipo para mostrar 2 + 4 y
4 + 2, y que luego le explique por qué las sumas son
las mismas. Repita la actividad con otros enunciados de suma.

Álgebra • Sumar en cualquier orden

Objetivo de aprendizaje Comprenderás por qué puedes sumar sumandos en cualquier orden.

Usa . Escribe la suma. Encierra en un círculo los enunciados de suma de cada hilera que tengan los mismos sumandos en diferente orden.

1. $1 + 3 =$ ___ $1 + 2 =$ ___ $3 + 1 =$ ___

2. $2 + 3 =$ ___ $3 + 2 =$ ___ $0 + 5 =$ ___

3. $2 + 4 =$ ___ $3 + 3 =$ ___ $4 + 2 =$ ___

Resolución de problemas (En el mundo)

Haz dibujos para emparejar los enunciados de suma.
Escribe las sumas.

4. $5 + 2 =$ ___

   $2 + 5 =$ ___

5. **ESCRIBE** ▶ **Matemáticas** Usa dibujos y números que muestren cómo sumar $3 + 1$ en cualquier orden.

Repaso de la lección

I. Encierra en un círculo los enunciados de suma
que están en la fila que tiene los mismos sumandos
en otro orden.

$$1 + 5 = 6 \qquad 6 + 1 = 7 \qquad 1 + 6 = 7$$

Repaso en espiral

2. Dibuja $\bigcirc$ para mostrar los números.
Escribe la suma. ¿Cuál es la suma?

$$0 + 2 = \rule{1.5cm}{0.4pt}$$

3. Escribe los enunciados numéricos y cuántos hay.
Hay 5 cuerdas largas y 3 cuerdas cortas.
¿Cuántas cuerdas hay?

_____ cuerdas _____ _____ _____

4. Dibuja ▢. Escribe la suma.
6 abejas y 2 abejas más

$$6 + 2 = \rule{1.5cm}{0.4pt}$$

PRACTICA MÁS CON EL
Entrenador personal
en matemáticas

Nombre _____

Álgebra • Juntar números hasta 10

Pregunta esencial ¿Cómo puedes mostrar todas las maneras de formar un número?

Escucha y dibuja

Usa para mostrar todas las maneras de formar 5.
Colorea para mostrar tu trabajo.

Maneras de formar 5

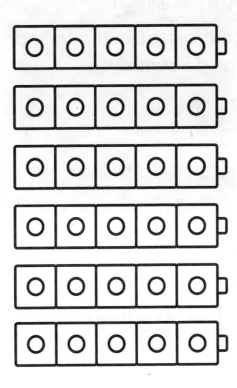

PARA EL MAESTRO • Lea el siguiente problema y pida a los niños que muestren todas las maneras de resolver el problema. La abuela tiene 5 flores. ¿Cuántas puede poner en su florero rojo y cuántas en su florero azul?

Charla matemática
PRÁCTICAS Y PROCESOS MATEMÁTICOS 6

¿Cómo sabes que mostraste todas las maneras? **Explica.**

Capítulo 1

Ahora la abuela tiene 9 flores. ¿Cuántas puede poner en su florero rojo y cuántas en su florero azul?

Completa los enunciados de suma.

1.

$9 = \underline{9} + \underline{0}$

2.

$9 = \underline{8} + \underline{1}$

Comparte y muestra

Usa ▪ ▪. Colorea para mostrar cómo formar 9. Completa los enunciados de suma.

Muestra todas las maneras de formar 9.

3.

$9 = \underline{7} + \underline{}$

4.

$9 = \underline{} + \underline{}$

5.

$9 = \underline{} + \underline{}$

6.

$9 = \underline{} + \underline{}$

7.

$9 = \underline{} + \underline{}$

8.

$9 = \underline{} + \underline{}$

9.

$9 = \underline{} + \underline{}$

10.

$9 = \underline{} + \underline{}$

Nombre _____

PRÁCTICAS Y PROCESOS MATEMÁTICOS **8** **Generaliza** Usa ▇▪+▇▪. Colorea para mostrar cómo formar 10. Completa los enunciados de suma.

11. ⬜⬜⬜⬜⬜⬜⬜⬜⬜⬜ $10 = \underline{10} + \underline{0}$

12. ⬜⬜⬜⬜⬜⬜⬜⬜⬜⬜ $10 = \underline{} + \underline{}$

13. ⬜⬜⬜⬜⬜⬜⬜⬜⬜⬜ $10 = \underline{} + \underline{}$

14. ⬜⬜⬜⬜⬜⬜⬜⬜⬜⬜ $10 = \underline{} + \underline{}$

15. ⬜⬜⬜⬜⬜⬜⬜⬜⬜⬜ $10 = \underline{} + \underline{}$

16. ⬜⬜⬜⬜⬜⬜⬜⬜⬜⬜ $10 = \underline{} + \underline{}$

17. **PIENSA MÁS** Zach tiene 6 piedras. Coloca algunas en una caja y otras en una bolsa. Dibuja dos formas en las que puede colocar las piedras.

Resolución de problemas • Aplicaciones

18. **PIENSA MÁS** Tengo 8 canicas.

Algunas son rojas. Otras son azules.

¿Cuántas canicas de cada una tengo?

Halla y escribe tantas maneras como puedas.

Rojas	Azules	Suma

19. **PIENSA MÁS** Colorea dos formas de formar 7.

ACTIVIDAD PARA LA CASA • Escriba 6 = 6 + 0. Haga un modelo del problema con objetos pequeños. Pida a su niño que forme 6 de otra manera. Túrnense hasta que hayan hecho un modelo de todas las maneras de formar 6.

Álgebra • Juntar números hasta 10

Usa 🎲 🎲. Colorea para mostrar
cómo formar 8. Completa los
enunciados de suma.

Objetivo de aprendizaje Mostrarás todas las
maneras de formar un número hasta 10.

1. 8 = __8__ + __0__

2. 8 = ___ + ___

3. 8 = ___ + ___

4. 8 = ___ + ___

5. 8 = ___ + ___

6. 8 = ___ + ___

7. 8 = ___ + ___

8. 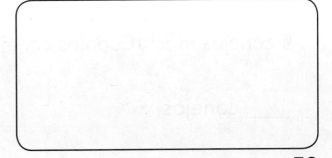 **Matemáticas** Usa dibujos y
números para mostrar todas
las maneras de formar 3.

Repaso de la lección

1. Muestra tres maneras diferentes de formar 10.

10 = ___ + ___   10 = ___ + ___   10 = ___ + ___

2. Muestra tres maneras diferentes de formar 6.

6 = ___ + ___   6 = ___ + ___   6 = ___ + ___

Repaso en espiral

3. Encierra en un círculo los enunciados numéricos que muestran los mismos sumandos en otro orden.

$4 + 2 = 6$ $1 + 5 = 6$ $2 + 4 = 6$

4. ¿Cuál es la suma de $2 + 0$? Escribe la suma.

$$2 + 0 = \underline{}$$

5. Completa el modelo y el enunciado numérico. Hay 3 conejos sentados en el césped. Llegan 4 conejos más. ¿Cuántos conejos hay ahora?

3	4

___

____ conejos

$3 + 4 = \underline{}$

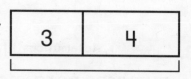
PRACTICA MÁS CON EL
Entrenador personal
en matemáticas

Nombre _____

Sumar hasta 10

Pregunta esencial ¿Por qué ciertas operaciones de suma son fáciles de sumar?

Objetivo de aprendizaje Mostrarás fluidez con las operaciones de suma hasta 10.

Escucha y dibuja En el mundo

**Haz un dibujo que muestre el problema.
Luego escribe los sumandos y la suma.**

___ + ___ = ___

___ + ___ = ___

PARA EL MAESTRO • Lea lo siguiente para la parte superior de la página. Hay 2 niños en la fila del tobogán. Llegan 4 niños más. ¿Cuántos niños hay en la fila del tobogán? Lea lo siguiente para la parte inferior de la página. Christy tiene 3 adhesivos. Mike le da 2 adhesivos más. ¿Cuántos adhesivos tiene Christy ahora?

Charla matemática

PRÁCTICAS Y PROCESOS MATEMÁTICOS 7

Busca estructuras
¿Tienen que estar los sumandos siempre uno al lado del otro?

Escribe el problema de suma.

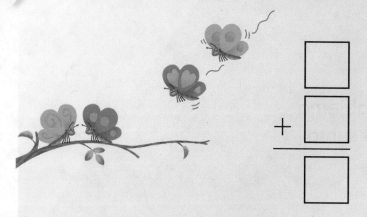

Mira otra manera de escribir el enunciado de suma.

$+$ ☐
☐
☐

Comparte y muestra MATH BOARD

Escribe el problema de suma.

1.

☐
$+$ ☐
☐

2.

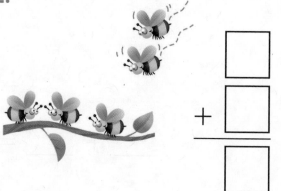

☐
$+$ ☐
☐

✓ 3.

☐
$+$ ☐
☐

✓ 4.

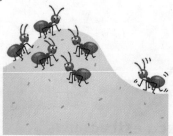

☐
$+$ ☐
☐

Nombre _____

Por tu cuenta

PRÁCTICAS Y PROCESOS MATEMÁTICOS 6 Presta atención a la precisión

Escribe la suma.

5. 1
   + 2
   ___

6. 2
   + 2
   ___

7. 0
   + 3
   ___

8. 1
   + 1
   ___

9. 4
   + 2
   ___

10. 8
    + 1
    ___

11. 0
    + 4
    ___

12. 7
    + 3
    ___

13. 4
    + 4
    ___

14. 9
    + 1
    ___

15. 6
    + 3
    ___

16. 4
    + 3
    ___

17. **PIENSA MÁS** Elsa puso 2 canicas en una bolsa. John puso 3 canicas en la bolsa. ¿Cuántas canicas hay en la bolsa?

_____ canicas

18. **PIENSA MÁS** Explica Sam mostró cómo sumó 4 + 2. Indica cómo podría Sam hallar la suma correcta.

   4
  + 2
  ___
   7

_____

_____

_____

_____

_____

Resolución de problemas • Aplicaciones En el mundo

 ESCRIBE ▸ Matemáticas

19. Suma. Escribe la suma. Usa la suma y la clave para colorear la flor.

CLAVE

7 ⬤ AMARILLO
8 ⬤ ROJO
9 ⬤ MORADO
10 ⬤ ROSADO

$3 + 7 =$ _____

$0 + 9 =$ _____

$\begin{array}{r} 2 \\ +7 \\ \hline \end{array}$

$5 + 2 =$ _____

$\begin{array}{r} 5 \\ +5 \\ \hline \end{array}$

$6 + 4 =$ _____

$7 + 1 =$ _____

$\begin{array}{r} 7 \\ +0 \\ \hline \end{array}$

$\begin{array}{r} 4 \\ +5 \\ \hline \end{array}$

$\begin{array}{r} 2 \\ +6 \\ \hline \end{array}$

$3 + 5 =$ _____

$3 + 4 =$ _____

20. MÁS AL DETALLE   ¿Cuántas flores son amarillas o moradas?

_____ ◯ _____ ◯ _____

21. PIENSA MÁS   Escribe la suma. Explica cómo resolviste el problema.

$\begin{array}{r} 5 \\ +4 \\ \hline \square \end{array}$

_____

_____

 ACTIVIDAD PARA LA CASA • Escriba enunciados de suma para sumar hacia adelante. Luego escriba enunciados de suma para sumar hacia abajo. Pida a su niño que halle la suma de cada uno.

Nombre _____

Sumar hasta 10

Objetivo de aprendizaje Mostrarás fluidez con las operaciones de suma hasta 10.

Escribe la suma.

1.
$$\begin{array}{r} 4 \\ +1 \\ \hline \end{array}$$

2.
$$\begin{array}{r} 2 \\ +6 \\ \hline \end{array}$$

3.
$$\begin{array}{r} 3 \\ +4 \\ \hline \end{array}$$

4.
$$\begin{array}{r} 5 \\ +1 \\ \hline \end{array}$$

5.
$$\begin{array}{r} 8 \\ +0 \\ \hline \end{array}$$

6.
$$\begin{array}{r} 2 \\ +3 \\ \hline \end{array}$$

7.
$$\begin{array}{r} 0 \\ +0 \\ \hline \end{array}$$

8.
$$\begin{array}{r} 5 \\ +5 \\ \hline \end{array}$$

Resolución de problemas En el mundo

Suma. Escribe la suma. Usa la suma y la clave para colorear la flor.

9.

$$\begin{array}{r} 2 \\ +5 \\ \hline \end{array}$$

$4 + 5 =$ _____

$$\begin{array}{r} 7 \\ +1 \\ \hline \end{array}$$

CLAVE

6 AMARILLO

7 ROJO

8 MORADO

9 ROSADO

10. ESCRIBE) **Matemáticas** Explica cómo
puedes hallar la suma de
7 + 1 si sabes lo que es 1 + 7.

_____

_____

_____

_____

Repaso de la lección

I. Escribe la suma.

$$\begin{array}{r} 5 \\ + \ 3 \\ \hline \end{array}$$

Repaso en espiral

2. Muestra tres maneras diferentes de formar 9.

$9 = \underline{\quad} + \underline{\quad} \qquad 9 = \underline{\quad} + \underline{\quad} \qquad 9 = \underline{\quad} + \underline{\quad}$

3. Completa el enunciado numérico. Hay 8 piedras grandes y 2 piedras pequeñas. ¿Cuántas piedras hay?

_____ piedras

$8 + 2 = \underline{\quad}$

4. Completa el enunciado numérico. ¿Cuál es la suma de 2 más 2?

$2 + 2 = \underline{\quad}$

PRACTICA MÁS CON EL
Entrenador personal
en matemáticas

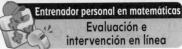

Entrenador personal en matemáticas
Evaluación e
intervención en línea

✓ Repaso y prueba del Capítulo 1

I.

2 osos   y   I oso más

¿Cuántos osos hay? | I |
                       | 2 | osos
                       | 3 |

---

2. Escribe el problema de suma.

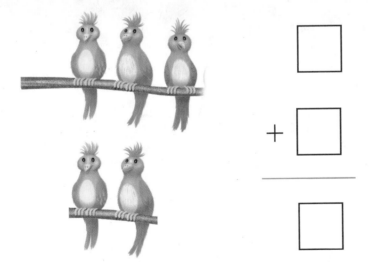

☐

+ ☐

―――――

☐

---

3. Colorea dos formas de formar 6.

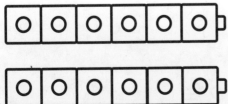

4. Elige todos los dibujos que muestren cómo sumar cero.

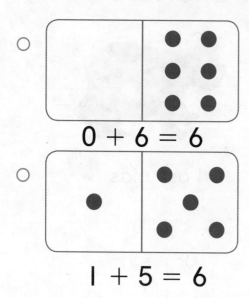

○ 0 + 6 = 6

○ 6 + 0 = 6

○ 1 + 5 = 6

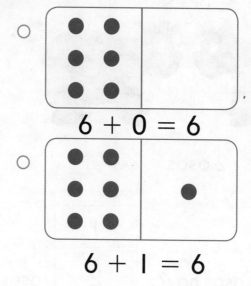

○ 6 + 1 = 6

---

5. Dibuja líneas para emparejar los enunciados de suma con los mismos sumandos en diferente orden.

8 + 2 = 10   2 + 7 = 9   4 + 5 = 9

5 + 4 = 9   2 + 8 = 10   7 + 2 = 9

Utiliza 🔲 para mostrar lo que agregas.

Dibuja los 🔲. Escribe la suma.

6. 2 patos y 3 patos más

2 + 3 = _____

7. 5 leones y 2 leones más

5 + 2 = _____

8. Escribe cada enunciado de suma en la columna que indica la suma.

$$4 + 3 \qquad 3 + 4 \qquad 3 + 3 \qquad 3 + 5 \qquad 5 + 3$$

6	7	8

---

9. MÁS AL DETALLE Max tiene 5 canicas rojas y 4 canicas azules. Luego obtiene 1 más. ¿Cuántas canicas tiene Max?

Muestra tu trabajo con un dibujo.

Escribe cuántas hay.

_____ canicas

Entrenador personal en matemáticas

10. PIENSA MÁS + Hay 2 personas en la casa. Entran más personas. Ahora hay 6 personas en la casa. ¿Cuántas personas entraron?

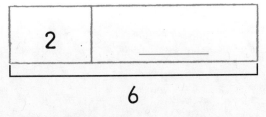

$$2 + \underline{\hspace{1cm}} = 6$$

II. Katie dibuja puntos en las tarjetas para mostrar maneras de formar 7. Dibuja los puntos de Katie.

Escribe los enunciados de suma de dos tarjetas.

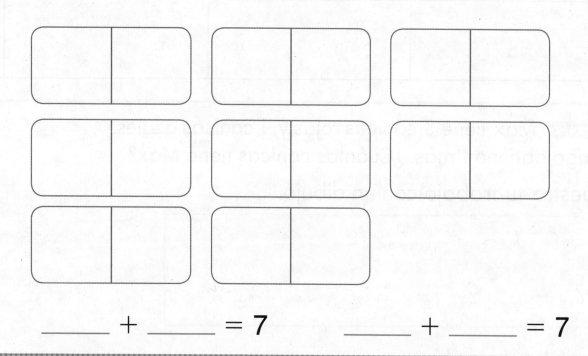

_____ + _____ = 7   _____ + _____ = 7

---

12. Dibuja un modelo para mostrar que 1 + 4 es lo mismo que 4 + 1. Muestra cómo lo sabes.

Conceptos de resta

Aprendo más con

Jorge el Curioso

Observa la foto.
Inventa un problema
de resta.

Nombre _____

✓ Muestra lo que sabes

Entrenador personal en matemáticas
Evaluación e
intervención en línea

Explora los números del 1 al 4

Muestra el número con .
Dibuja las ●.

1.

4

2.

2

Números del 1 al 10

¿Cuántos objetos hay en cada conjunto?

3.

_____ mariposas

4.

_____ gato

5.

_____ hojas

Usa ilustraciones para restar

¿Cuántos quedan?

6.

$$5 - 4 = \underline{\quad}$$

7.

$$4 - 2 = \underline{\quad}$$

Esta página es para verificar la comprensión de las destrezas
importantes que se necesitan para tener éxito en el Capítulo 2.

Desarrollo del vocabulario

Visualízalo

Clasifica las palabras de repaso de la caja.

Resta

Suma

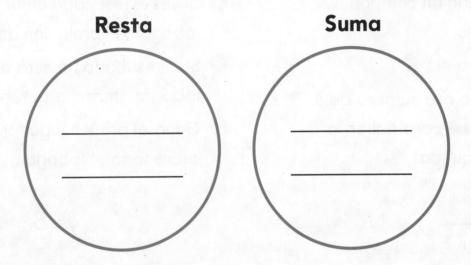

Comprende el vocabulario

Encierra en un círculo la parte que quitas del grupo.
Luego táchala.

1.

   5 naranjas   Alguien se come 2.

2.

   4 globos   3 se van volando.

3.

   3 carritos   I se va rodando.

 • Libro interactivo del estudiante
LÍNEA • Glosario multimedia

Juego Tobogán de resta

Materiales • • 5 ⬤
• 5 ⬤ • 8

Juega con un compañero.
Túrnense.

① Lanza el .

② Quita ese número de 8.
Usa para hallar lo
que queda.

③ Si ves el resultado en tu
tobogán, cúbrelo con una ⬤.

④ Si el resultado no está en tu
tobogán, termina tu turno.

⑤ Gana el primer jugador que
cubre todo el tobogán.

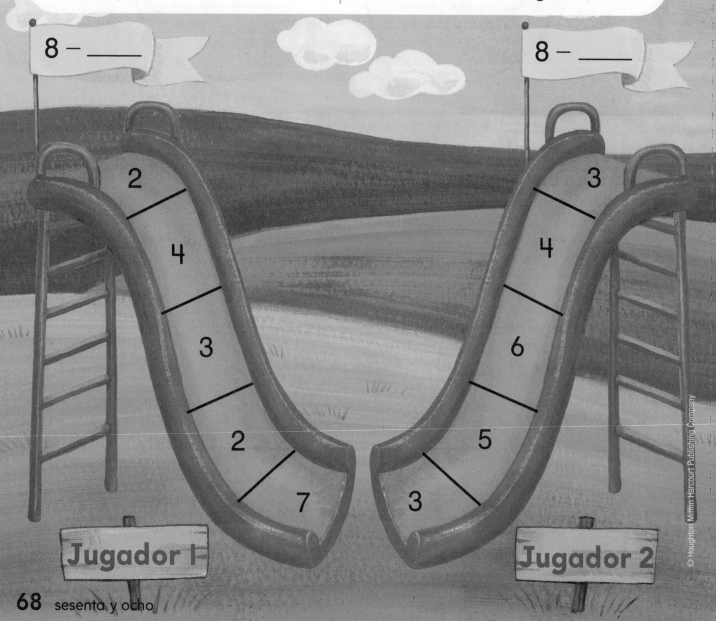

8 – ____

8 – ____

2
4
3
2
7

3
4
6
5
3

Jugador 1

Jugador 2

Vocabulario del Capítulo 2

comparar

compare

5

diferencia

difference

16

enunciado de resta

subtraction sentence

23

más

more

36

menos

fewer

39

menos (−)

minus (−)

40

restar

subtract

52

sumar

add

55

$9 - 4 = 5$

La **diferencia** es 5.

Resta para **comparar** grupos.

$5 - 1 = 4$

Hay más .

$5 - 3 = 2$

Hay **más** .

$9 - 5 = 4$

es un **enunciado de resta**.

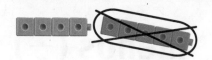

9 **menos** 5 es igual a 4.

$9 - 5 = 4$

3 🐦 **menos**

$3 + 2 = 5$

$5 - 2 = 3$

Bingo

Recuadro de palabras

sumar

comparar

diferencia

menos

menos (−)

más

restar

enunciado de resta

Materiales

- I juego de tarjetas de palabras
- 18 ⬤

Instrucciones

Juega con un compañero.

1. Mezcla las tarjetas. Colócalas en una pila con el lado en blanco hacia arriba.
2. Toma una tarjeta. Lee la palabra.
3. Halla la palabra que corresponda en tu tablero de Bingo. Cubre la palabra con una ⬤. Coloca la tarjeta en el fondo de la pila.
4. Le toca jugar al otro jugador.
5. Gana el primer jugador que cubra 3 espacios en la misma fila. La fila puede ir de un lado a otro o de arriba a abajo.

Jugador 1

diferencia	más	comparar
menos	BINGO	restar
enunciado de resta	sumar	menos (−)

Jugador 2

menos (−)	diferencia	enunciado de resta
sumar	BINGO	restar
más	comparar	menos

Escríbelo

Reflexiona

Selecciona una idea. Dibuja y escribe sobre ella.

- Piensa en lo que hiciste durante matemáticas hoy. Completa una de las oraciones:

  Aprendí _____.

  Quiero aprender más sobre _____.

- Lee el problema:

  Sophie tiene 5 adhesivos.

  Le da 2 a Olivia.

  A Sophie le quedan

  2 adhesivos.

  ¿Es correcta la respuesta?
  Dibuja y escribe tu explicación. Usa otra
  hoja de papel para hacer tu dibujo.

Nombre _____

Usar dibujos para mostrar cómo quitar

Pregunta esencial ¿Cómo puedes mostrar cómo quitar con dibujos?

Objetivo de aprendizaje Usarás dibujos para mostrar cómo quitar.

Escucha y dibuja En el mundo

Haz un dibujo que muestre cómo quitar. Escribe cuántos quedan.

Quedan _____ niños.

Charla matemática

PRÁCTICAS Y PROCESOS MATEMÁTICOS 4

Representa ¿Cómo hallaste cuántos niños quedaron en el cajón de arena?

PARA EL MAESTRO • Lea el siguiente problema. Pida a los niños que hagan un dibujo que muestre el problema. Hay 5 niños en el cajón de arena. Dos se van caminando. ¿Cuántos niños quedan en el cajón de arena?

Hay 4 gatos en todo el grupo.

4 gatos   I gato se va caminando.   Quedan __3__ gatos.

Comparte y muestra

Encierra en un círculo la parte que quitas del grupo.
Luego táchala. Escribe cuántos quedan.

I.

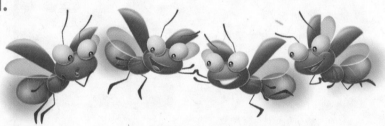

6 insectos   2 insectos se van volando.   Quedan ____ insectos.

2.

3 perros   I perro se va caminando.   Quedan ____ perros.

Por tu cuenta

Encierra en un círculo la parte que quitas del grupo.
Luego táchala. Escribe cuántos hay ahora.

3.

7 pollitos   2 pollitos se van caminando.   Quedan _____ pollitos.

4.

6 patos   3 patos se van caminando.   Quedan _____ patos.

5. **PIENSA MÁS** Ellie y Sara ven 8 aves en
el árbol. Ellie ve 2 aves menos que
Sara. Sara ve 5 aves. ¿Cuántas
aves ve Ellie?

_____ aves

6. **MÁS AL DETALLE** Elige números para completar el cuento.
Escribe los números. Haz un dibujo que muestre el problema.

_____

_____ lombrices _____ lombrices se van.   Quedan _____ lombrices.

Resolución de problemas • Aplicaciones

 **Usa diagramas** Resuelve.

7. Hay 6 gatos. Un gato se va corriendo. ¿Cuántos gatos quedan? Haz un dibujo.

_____ gatos

8. MÁS AL DETALLE Hay 6 perros. Se van tres. Luego se va 1 más. ¿Cuántos perros quedan?

Quedan _____ perros

9. PIENSA MÁS Mira la ilustración. Escribe los números.

8 aves   _____ aves se van volando.   Quedan _____ aves.

10. PIENSA MÁS Encierra en un círculo y tacha la parte que quitas del grupo. Escribe cuántos hay ahora.

10 peces   6 peces se van nadando.   Quedan _____ peces.

 ACTIVIDAD PARA LA CASA • Pida a su niño que dibuje y resuelva el problema de resta: Hay 6 vacas. Tres vacas se van caminando. ¿Cuántas vacas quedan?

Usar ilustraciones para mostrar cómo quitar

Objetivo de aprendizaje Usarás dibujos para mostrar cómo quitar.

Usa la ilustración. Encierra en un círculo la parte que quitas del grupo. Luego táchala. Escribe cuántos hay ahora.

I.

3 gatos   I gato se va.   Ahora hay ____ gatos.

2.

5 caballos   2 caballos se van.   Ahora hay ____ caballos.

Resolución de problemas

Resuelve. Muestra tu trabajo con un dibujo.

3. Hay 7 aves. 2 aves se van volando.
¿Cuántas aves hay ahora?

____ aves

4. **ESCRIBE** **Matemáticas** Haz un dibujo que muestre el problema. Hay 9 tortugas. 3 tortugas se van. ¿Cuántas tortugas hay ahora?

Repaso de la lección

1. Hay 4 patos. Dos patos se van nadando.
¿Cuántos patos hay ahora? Haz un dibujo para mostrar
tu trabajo.

____ patos

Repaso en espiral

2. ¿Cuál es la suma de 2 + 0? Dibuja $\bigcirc$ para mostrar cada
sumando. Escribe la suma.

$$2 + 0 = \underline{\hspace{1cm}}$$

3. ¿Cuántas aves hay? Escribe cuántas hay.

5 aves   y   2 aves   ____ aves

4. ¿Cuál es la suma? Escribe la suma.

$$\begin{array}{r} 6 \\ + 2 \\ \hline \end{array}$$

PRACTICA MÁS CON EL
**Entrenador personal
en matemáticas**

Nombre _____

Hacer un modelo de cómo quitar

Pregunta esencial ¿Cómo haces un modelo de cómo quitar de un grupo?

Objetivo de aprendizaje Usarás objetos para mostrar cómo quitar.

Escucha y dibuja En el mundo · Manos a la obra

Usa ▪ para mostrar cómo quitar.
Haz un dibujo que muestre tu trabajo.

PARA EL MAESTRO • Lea el siguiente problema. Pida a los niños que usen cubos interconectables para hacer un modelo del problema y que hagan un dibujo que muestre su trabajo. Hay 9 mariposas. Dos mariposas se van volando. ¿Cuántas mariposas quedan?

Charla matemática
PRÁCTICAS Y PROCESOS MATEMÁTICOS 2

Razonamiento ¿Quedan más o menos de 9 mariposas ahora?

Capítulo 2

4 conejos   3 conejos se van saltando.

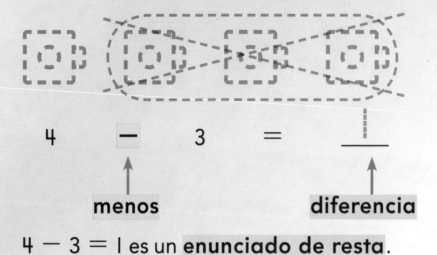

4   —   3   =   ____

menos   **diferencia**

4 — 3 = 1 es un **enunciado de resta**.

Comparte y muestra

Usa ▓ para mostrar cómo quitar. Dibuja los ▓.
Encierra en un círculo la parte que quitaste del
grupo. Luego táchala. Escribe la diferencia.

⊘1. 8 perros   3 perros se van
               corriendo.

⊘2. 6 ranas   4 ranas se van
              saltando.

8 — 3 = ____   6 — 4 = ____

Por tu cuenta

Usa ▣ para mostrar cómo quitar. Dibuja los ▣.
Encierra en un círculo la parte que quitas del
grupo. Luego táchala. Escribe la diferencia.

3. 5 focas   4 focas se van
                  nadando.

4. 9 osos   6 osos se van
                 corriendo.

$$5 - 4 = \underline{}$$

$$9 - 6 = \underline{}$$

5. PIENSA MÁS Kelly ve unos pececillos en la
tienda de animales. Un hombre compra
2 pececillos. Un niño compra 4 pececillos.
Ahora quedan 3 pececillos.
¿Cuántos pececillos vio Kelly
al comienzo?

_____ pececillos

Matemáticas
al
instante

6. MÁS AL DETALLE Mira la ilustración. Encierra en un
círculo una parte que separas del grupo.
Luego táchala. Escribe el enunciado de resta.

Resolución de problemas • Aplicaciones En el mundo ESCRIBE ▸ Matemáticas

PRÁCTICAS Y PROCESOS MATEMÁTICOS ❶ **Comprende los problemas**

Dibuja  para resolver. Completa el enunciado de resta.

7. Hay 5 niños. Tres niños se van a casa. ¿Cuántos quedan?

_____ – _____ = _____

_____ niños

8. Hay 8 conejos. Dos conejos se van saltando. ¿Cuántos conejos quedan?

_____ – _____ = _____

_____ conejos

9. **PIENSA MÁS** Haz un dibujo para mostrar un enunciado de resta. Escribe el enunciado de resta.

_____ – _____ = _____

10. **PIENSA MÁS ➕** Quita  para hacer un modelo del problema. Escribe la diferencia. Hay 7 ratones. Cinco ratones se van corriendo.

Entrenador personal en matemáticas

$$7 - 5 = \_\_\_$$

 ACTIVIDAD PARA LA CASA • Use objetos pequeños del mismo tipo para hacer un modelo de una situación de resta con números hasta el 10. Pida a su niño que escriba el enunciado de resta de la situación. Luego intercambien papeles y repitan la actividad.

Hacer un modelo de cómo quitar

Objetivo de aprendizaje Usarás objetos para mostrar cómo quitar.

Usa para mostrar cómo quitar.
Dibuja el [dado]. Encierra en un círculo
la parte que quitas del grupo.
Luego táchala. Escribe la diferencia.

I. 4 tortugas 1 tortuga se va.

2. 8 aves 7 aves se van.

$$4 - 1 = \_\_\_$$

$$8 - 7 = \_\_\_$$

Resolución de problemas En el mundo

Dibuja [dado] para resolver.
Completa el enunciado de resta.

3. Hay 8 peces.
Cuatro peces se
van nadando.
¿Cuántos hay ahora?

___ − ___ = ___

___ peces

4. **ESCRIBE** Matemáticas Usa dibujos y
números para representar $9 - 2$.

Repaso de la lección

1. Muestra cómo quitar. Encierra en un círculo
la parte que quitas del grupo. Luego táchala.
Escribe la diferencia.

$$5 - 2 = \underline{}$$

Repaso en espiral

2. ¿Cuántos gusanitos hay? Escribe el número.

7 gusanitos   y   1 gusanito   _____ gusanitos

3. Encierra en un círculo los enunciados numéricos
que muestran los mismos sumandos en otro orden.

$$7 + 1 = 8 \qquad 6 + 2 = 8 \qquad 2 + 6 = 8$$

PRACTICA MÁS CON EL
Entrenador personal
en matemáticas

Nombre _____

Hacer un modelo de cómo separar

Pregunta esencial ¿Cómo haces un modelo de cómo separar?

Objetivo de aprendizaje Usarás objetos para mostrar cómo separar.

 Escucha y dibuja En el mundo

Usa ⬤ para hacer un modelo del problema.
Haz y colorea un dibujo que muestre tu modelo.
Escribe los números y un enunciado de resta.

_____ manzanas rojas   _____ manzanas amarillas

$$\underline{5} \; \bigcirc\!\!\!- \; \underline{3} \; \bigcirc\!\!\!= \; \underline{}$$

Jeff tiene _____ manzanas amarillas.

 PARA EL MAESTRO • Pida a los niños que hagan un modelo del problema con fichas. Jeff tiene 5 manzanas. Tres manzanas son rojas. Las demás son amarillas. ¿Cuántas manzanas son amarillas?

 Charla matemática

PRÁCTICAS Y PROCESOS MATEMÁTICOS 5

Usa herramientas
¿Cómo te ayuda el usar fichas a escribir el enunciado de resta?

Resta para hallar cuántos vasos pequeños hay.

María tiene 6 vasos. Dos vasos son grandes. Los demás son pequeños. ¿Cuántos vasos pequeños hay?

> Dos vasos son grandes.

> Los demás son pequeños.

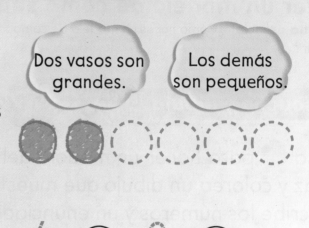

_____ vasos pequeños

 6 ⊖ 2 ⊜ _____

Comparte y muestra MATH BOARD

Usa ⬤ para resolver. Haz un dibujo que muestre tu trabajo. Escribe el enunciado numérico y cuántos hay.

1. Hay 7 carpetas. Seis carpetas son rojas. Las demás son amarillas. ¿Cuántas carpetas amarillas hay?

   _____ carpeta amarilla

2. Hay 8 lápices. Tres lápices son cortos. Los demás son largos. ¿Cuántos lápices largos hay?

   _____ lápices largos

   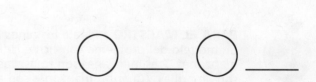

Nombre _____

Por tu cuenta

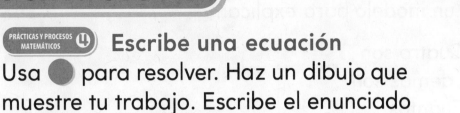 **PRÁCTICAS Y PROCESOS MATEMÁTICOS 4** **Escribe una ecuación**

Usa ⬤ para resolver. Haz un dibujo que muestre tu trabajo. Escribe el enunciado numérico y cuántos hay.

3. Hay 9 peces. Cinco peces son rojos. Los demás son amarillos. ¿Cuántos peces amarillos hay?

____ peces amarillos

____ ◯ ____ ◯ ____

4. Hay 7 hormigas. Cuatro hormigas son grandes. Las demás son pequeñas. ¿Cuántas hormigas pequeñas hay?

____ hormigas pequeñas ____ ◯ ____ ◯ ____

5. Hay 5 árboles. Un árbol es bajo. Los demás son altos. ¿Cuántos árboles altos hay?

____ árboles altos ____ ◯ ____ ◯ ____

6. *MÁS AL DETALLE* Hay 8 aves. Una sale volando. Luego 2 aves más se van volando. ¿Cuántas aves hay ahora?

____ aves

Resolución de problemas · Aplicaciones En el mundo   ESCRIBE Matemáticas

Resuelve. Dibuja un modelo para explicar.

7. Hay 6 osos. Cuatro son grandes. Los demás son pequeños. ¿Cuántos osos pequeños hay?

_____ osos pequeños

8. **PIENSA MÁS** Hay 7 osos. Un oso se va caminando. Luego se van 4 osos más. ¿Cuántos osos quedan?

_____ osos

9. **MÁS AL DETALLE** Hay 4 osos. Unos son negros y otros son marrones. Hay menos de 2 osos negros. ¿Cuántos osos marrones hay?

_____ osos marrones

10. **PIENSA MÁS** Dibuja ⬤ para resolver. Escribe el enunciado numérico. Hay 8 flores. Cuatro flores son rojas. El resto son amarillas. ¿Cuántas flores amarillas hay?

 ACTIVIDAD PARA LA CASA · Pida a su niño que reúna un grupo de hasta 10 objetos pequeños del mismo tipo y los use para hacer cuentos de resta.

Hacer un modelo de cómo separar

Objetivo de aprendizaje Usarás objetos para mostrar cómo separar.

Usa para resolver. Haz un dibujo que muestre tu trabajo. Escribe el enunciado numérico y cuántos hay.

I. Hay 7 bolsos. 2 bolsos son grandes. Los demás son pequeños. ¿Cuántos bolsos pequeños hay?

_____ bolsos pequeños

___ ◯ ___ ◯ ___

Resolución de problemas En el mundo

Resuelve. Dibuja un modelo para explicar.

2. Hay 8 gatos. 6 gatos son blancos. Los demás son negros. ¿Cuántos gatos son negros?

_____ gatos negros

---

3. **ESCRIBE** Matemáticas Usa dibujos y números para representar $8 - 3$.

Repaso de la lección

I. Resuelve. Dibuja un modelo para explicar. Hay 8 bloques. 3 bloques son blancos. Los demás son azules. ¿Cuántos bloques azules hay?

_____ bloques azules

Repaso en espiral

2. Dibuja ◯ para resolver. Escribe el enunciado numérico y cuántas hay. Hay 4 uvas verdes y 5 uvas rojas. ¿Cuántas uvas hay?

_____ uvas

3. Resuelve. Completa el modelo y el enunciado numérico. Hay 3 patos nadando en el estanque. Llegan 2 patos más. ¿Cuántos patos hay en el estanque ahora?

3	2

___

3 + 2 = _____ patos

4. Dibuja ⚀. Escribe la suma. ¿Cuál es la suma de 1 y 4?

1 + 4 = _____

PRACTICA MÁS CON EL
Entrenador personal en matemáticas

Nombre _____

Resolución de problemas •
Hacer un modelo de resta

Pregunta esencial ¿Cómo resuelves problemas de resta haciendo un modelo?

Objetivo de aprendizaje Usarás la estrategia de *hacer un modelo* para resolver problemas de resta de la vida real.

Tom tiene 6 crayones en una caja.
Saca 2 crayones de la caja.
¿Cuántos crayones hay en la caja ahora?
¿Cómo puedes saberlo a través de un modelo?

Soluciona el problema En el mundo

¿Qué debo hallar?

_____

cuántos **crayones**
quedan en la caja

¿Qué información debo usar?

Tiene __6__ crayones en la caja.

Saca __2__ crayones.

Muestra cómo resolver el problema.

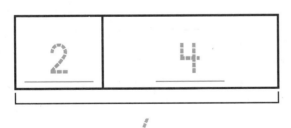

$6 - 2 = $ ___

© Houghton Mifflin Harcourt Publishing Company

NOTA A LA FAMILIA: Su niño hizo un modelo de barras para comprender y resolver el problema de resta.

Haz otro problema

Lee el problema. Usa el modelo de barras para resolver. Completa el modelo y el enunciado numérico.

- ¿Qué debo hallar?
- ¿Qué información debo usar?

1. Hay 10 adhesivos. Siete adhesivos son anaranjados. Los demás son marrones. ¿Cuántos adhesivos marrones hay?

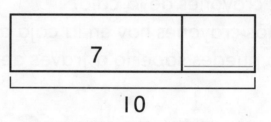

$$10 - 7 = \underline{\hspace{1cm}}$$

2. Había ocho aves en el árbol. Dos aves se fueron volando. ¿Cuántas aves quedaron en el árbol?

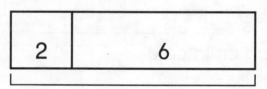

$$\underline{\hspace{1cm}} - 2 = 6$$

3. Había 5 carros. Algunos carros se fueron. Luego quedó 1 carro. ¿Cuántos carros se fueron?

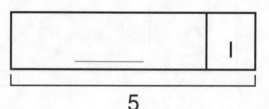

$$5 - \underline{\hspace{1cm}} = 1$$

Charla matemática

PRÁCTICAS Y PROCESOS MATEMÁTICOS 4

Representa ¿Qué muestra cada parte del modelo?

© Houghton Mifflin Harcourt Publishing Company

Nombre _____

PRÁCTICAS Y PROCESOS MATEMÁTICOS 4 **Usa modelos** Lee el problema. Usa el modelo de barras para resolver. Completa el modelo y el enunciado numérico.

4. Había siete cabras en el campo. Tres cabras se fueron corriendo. ¿Cuántas cabras quedaron en el campo?

3	4

_____

$$\_\_\_ - 3 = 4$$

5. Hay 8 trineos. Algunos trineos bajaron por una colina. Luego quedaron 4 trineos. ¿Cuántos trineos bajaron por la colina?

_____	4
8

$$8 - \_\_\_ = 4$$

6. Hay 10 botones. Tres botones son pequeños. Los demás son grandes. ¿Cuántos botones grandes hay?

3	_____
10

$$10 - 3 = \_\_\_$$

Por tu cuenta

 ESCRIBE Matemáticas

Resuelve.

7. **MÁS AL DETALLE** Había 8 arañas en el césped. Algunas arañas salieron corriendo. Luego quedaron 3 arañas. ¿Cuántas arañas salieron corriendo? Completa el enunciado numérico.

___ ◯ ___ ◯ ___

___ arañas

8. **PIENSA MÁS** Escribe tu propio problema con el modelo.

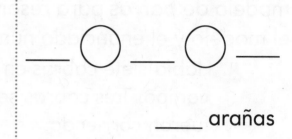

_____

_____

_____

_____

9. **PIENSA MÁS** Completa el modelo y el enunciado numérico.

4	___

7

Hay 7 cohetes de juguete. Cuatro cohetes de juguete son rojos. Los demás son negros. ¿Cuántos cohetes de juguete negros hay?

$$7 - 4 = \_\_\_$$

 ACTIVIDAD PARA LA CASA • Pida a su niño que describa qué significa la parte inferior de un modelo de barras al hacer restas.

Resolución de problemas • Hacer un modelo de resta

Objetivo de aprendizaje Usarás la estrategia de *hacer un modelo* para resolver problemas de resta de la vida real.

Lee el problema. Usa el modelo para resolver. Completa el modelo y el enunciado numérico.

1. Hay 7 patos en el estanque. Algunos patos se van nadando. Luego quedan 4 patos. ¿Cuántos patos se fueron nadando?

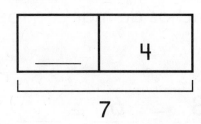

$$7 - \underline{} = 4$$

2. Tom tenía 9 regalos. Repartió algunos. Luego le quedaron 6 regalos. ¿Cuántos regalos repartió?

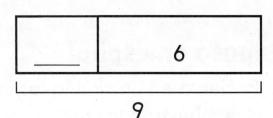

$$9 - \underline{} = 6$$

3. Había cinco ponis en un establo. 3 ponis salieron caminando. ¿Cuántos ponis quedaron en el establo?

3	2

$$\underline{} - 3 = 2$$

4. **ESCRIBE** **Matemáticas** Elige un modelo de un problema que resolviste. Escribe un problema de resta nuevo para emparejar.

_____

_____

_____

Repaso de la lección

1. Completa el modelo y el enunciado numérico. Hay 8 conchas de mar. 6 conchas de mar son blancas. El resto son rosadas. ¿Cuántas conchas de mar son rosadas?

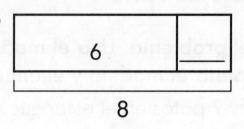

$$\underline{}8\underline{} - \underline{}6\underline{} = \underline{}$$

Repaso en espiral

2. Encierra en un círculo los enunciados numéricos que muestran los mismos sumandos en otro orden.

$$6 - 2 = 4 \qquad 2 + 4 = 6 \qquad 4 + 2 = 6$$

3. ¿Cuál es la suma? Escribe la suma.

$$\begin{array}{r} 4 \\ + 3 \\ \hline \end{array}$$

PRACTICA MÁS CON EL
Entrenador personal en matemáticas

Comparar usando ilustraciones y restas

Pregunta esencial ¿Cómo puedes usar ilustraciones para comparar y restar?

Objetivo de aprendizaje Usarás ilustraciones para comparar y restar.

Dibuja tazones para mostrar los problemas.
Dibuja líneas para emparejar.

PARA EL MAESTRO • Lea el problema.
Hay 9 perros marrones. Hay 5 tazones. ¿Cuántos perros más necesitan un tazón? Hay 7 perros blancos. Hay 8 tazones. ¿Cuántos tazones no se necesitan?

Charla matemática

PRÁCTICAS Y PROCESOS MATEMÁTICOS 3

Compara ¿Cómo muestran las respuestas las ilustraciones?

Compara los grupos.
Resta para hallar cuántos
menos o cuántos **más** hay.

$10 - 7 =$ _____ 3   3 _____ 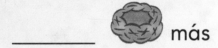 menos

$6 - 4 =$ _____   _____ más

Comparte y muestra | MATH BOARD

Dibuja líneas para emparejar.
Resta para comparar.

1.

$8 - 5 =$ _____   _____  menos

Nombre _____

PRÁCTICAS Y PROCESOS MATEMÁTICOS ② **Razona de forma cuantitativa**

Dibuja líneas para emparejar. Resta para comparar.

2.

9 − 3 = _____   _____ más

3.

10 − 6 = _____   _____  menos

4. *MÁS* AL DETALLE

                                   _____ más

7 − 2 = _____   _____  menos

5. *MÁS* AL DETALLE Evie tiene 3 canicas rojas y 4 canicas azules. Kai tiene 6 canicas. ¿Cuántas canicas más tiene Evie que Kai?

_____ más

Resolución de problemas • Aplicaciones ESCRIBE • Matemáticas

Haz un dibujo que muestre el problema.
Escribe un enunciado de resta que
muestre tu dibujo.

6. Aki tiene 5 bates de béisbol y
   3 pelotas de béisbol. ¿Cuántas
   pelotas de béisbol menos tiene Aki?

   ___ − ___ = ___   ____ pelotas de béisbol menos

7. **PIENSA MÁS** Si Jill tiene 2 gatos más
   que perros, ¿cuántos perros
   menos tiene Jill?

   Matemáticas al instante

   ____ perros menos

8. **PIENSA MÁS** Observa el dibujo. ¿Cuántas
   hojas menos que mariquitas hay? Escoge
   la respuesta.

2
3
5
8

hojas menos

Nombre _____

Comparar usando dibujos y restas

Objetivo de aprendizaje Usarás ilustraciones para comparar y restar.

Dibuja líneas para emparejar.
Resta para comparar.

I.

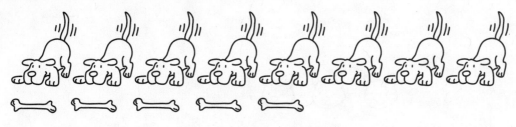

$8 - 5 = $ _____

_____  más

Haz un dibujo que muestre el problema.
Escribe un enunciado de resta para
relacionarlo con tu dibujo.

2. Jo tiene 4 palos de golf y
2 pelotas de golf. ¿Cuántas
pelotas de golf menos tiene Jo?

_____ − _____ = _____

_____ menos

3. **ESCRIBE** Matemáticas Haz dibujos
que comparen cómo hallar
$8 - 2$.

Repaso de la lección

1. Dibuja líneas para emparejar. Resta para comparar.

¿Cuántos  menos hay?

$4 - 3 =$ _____

_____ menos

Repaso en espiral

2. Dibuja el ⬚. Escribe la suma.
5 cachorros y 1 cachorro más.

$5 + 1 =$ _____

3. Escribe la suma.

$$\begin{array}{r} 4 \\ + 5 \\ \hline \end{array}$$

4. ¿Cuántas flores hay? Escribe el número.

4 flores   y   3 flores   _____ flores

PRACTICA MÁS CON EL
Entrenador personal
en matemáticas

Nombre _____

Restar para comparar

Pregunta esencial ¿Cómo puedes usar modelos para comparar y restar?

Objetivo de aprendizaje Mostrarás y compararás grupos para mostrar la resta.

Escucha y dibuja

Usa ● para mostrar el problema. Dibuja las ●.
Haz un modelo del problema con el modelo de barras.

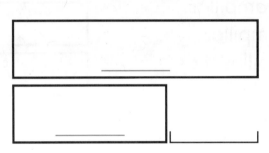

Charla matemática

Explica cómo las fichas y un modelo de barras se pueden usar para hallar cuántas piezas de rompecabezas más que David tiene Mindy.

PARA EL MAESTRO • Lea el problema. Mindy tiene 8 piezas de rompecabezas. David tiene 5 piezas de rompecabezas. ¿Cuántas piezas de rompecabezas más que David tiene Mindy?

James tiene 4 piedras. Heather tiene 7 piedras. ¿Cuántas piedras menos que Heather tiene James?

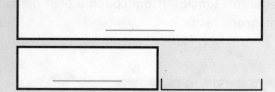

____ piedras menos

 _____ ◯ _____ ◯ _____

Comparte y muestra MATH BOARD

Lee el problema. Usa el modelo de barras para resolver. Escribe el enunciado numérico. Luego escribe cuántos hay.

1. Abby tiene 8 estampillas. Ben tiene 6 estampillas. ¿Cuántas estampillas más que Ben tiene Abby?

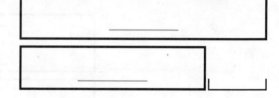

____ estampillas más

_____ ◯ _____ ◯ _____

2. Daniel tiene 3 libros. Vicky tiene 6 libros. ¿Cuántos libros menos que Vicky tiene Daniel?

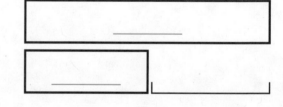

____ libros menos

_____ ◯ _____ ◯ _____

Por tu cuenta

PRÁCTICAS Y PROCESOS MATEMÁTICOS ④
Usa modelos Lee el problema.
Usa el modelo de barras para resolver. Escribe el
enunciado numérico. Luego escribe cuántos hay.

3. PIENSA MÁS Pam tiene
4 canicas. Rick tiene
10 canicas. ¿Cuántas
canicas menos que
Rick tiene Pam?

____ canicas menos

____ ◯ ____ ◯ ____

4. Sally tiene 5 plumas.
James tiene 2 plumas.
¿Cuántas plumas más
que James tiene Sally?

____ plumas más

____ ◯ ____ ◯ ____

5. MÁS AL DETALLE Kyle tiene 6 llaves.
Kyle tiene 4 llaves más
que Luis. ¿Cuántas llaves
tiene Luis?

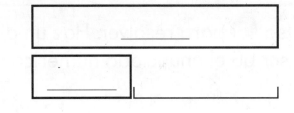

____ llaves

____ ◯ ____ ◯ ____

ACTIVIDAD PARA LA CASA • Pida a su niño que
explique cómo resolvió el ejercicio 3 con el modelo
de barras.

Revisión de la mitad del capítulo

Conceptos y destrezas

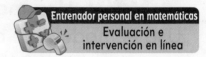

Encierra en un círculo la parte que quitas del grupo.
Luego táchala. Escribe cuántas quedan.

1.

7 aves   3 aves se van volando.   Quedan _____ aves.

Usa ⬤ para resolver. Haz un dibujo que muestre tu trabajo.
Escribe el enunciado numérico y cuántas hay.

2. Hay 4 latas. Una lata es roja.
Las demás son amarillas.
¿Cuántas latas amarillas hay?

_____ latas amarillas

_____ ◯ _____ ◯ _____

3. PIENSA MÁS Jennifer tiene
3 crayones. Brad tiene
9 crayones. ¿Cuántos
crayones menos que Brad
tiene Jennifer?

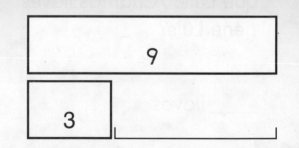

$9 - 3 =$ _____

_____

Restar para comparar

Objetivo de aprendizaje Mostrarás y
compararás grupos para mostrar resta.

**Lee el problema. Usa el modelo de barras
para resolver. Escribe el enunciado
numérico. Luego escribe cuántas hay.**

I. Ben tiene 7 flores.
Tim tiene 5 flores.
¿Cuántas flores menos
que Ben tiene Tim?

____ flores menos

____ ◯ ____ ____ ◯ ____

Resolución de problemas

Completa el enunciado numérico para resolver.

2. Maya tiene 7 bolígrafos. Sam tiene
I bolígrafo. ¿Cuántos bolígrafos más
que Sam tiene Maya?

____ − ____ = ____

____ bolígrafos más

3. **ESCRIBE ▶ Matemáticas** Escribe un
problema de resta para
comparar y dibuja un modelo
de barras para resolverlo.

_____

_____

Repaso de la lección

I. Usa el modelo de barras para resolver. Escribe el enunciado numérico. Jesse tiene 2 adhesivos. Sara tiene 8 adhesivos. ¿Cuántos adhesivos menos tiene Jesse que Sara?

8

2	

___ − ___ = ___

____ adhesivos menos

Repaso en espiral

2. Resuelve. Hay 6 ovejas. 5 ovejas se van caminando. ¿Cuántas ovejas hay ahora?

____ oveja

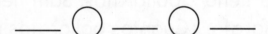

3. Completa el modelo de barras y el enunciado numérico. Hay 5 vacas en el campo. Llegan 2 vacas más. ¿Cuántas vacas hay en el campo ahora?

5	2

____

5 + 2 = ____

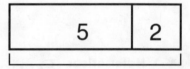
PRACTICA MÁS CON EL
Entrenador personal
en matemáticas

Restar todo o cero

Pregunta esencial ¿Qué sucede cuando restas 0 de un número?

Objetivo de aprendizaje Mostrarás lo que ocurre cuando restas 0 de un número.

Escucha y dibuja En el mundo

Usa ⬤ para mostrar el problema. Dibuja las ⬤.
Escribe los números.

```
_____ − _____ − _____
```

```
_____ − _____ = _____
```

PARA EL MAESTRO • Lea el siguiente problema. Hay 4 juguetes en el estante. Se sacan 0 juguetes. ¿Cuántos juguetes quedan? Luego lea el siguiente problema. Quedan 4 juguetes en el estante. Se sacan 4 juguetes. ¿Cuántos juguetes quedan?

Charla matemática

PRÁCTICAS Y PROCESOS MATEMÁTICOS **8**

Generaliza ¿Qué sucede cuando restas cero de un número?

Cuando restas cero,
¿cuántos quedan?

Cuando restas todo,
¿cuántos quedan?

__5__ – 0 = __5__

__5__ – __5__ = 0

Comparte y muestra MATH BOARD

Usa la ilustración para completar el
enunciado de resta.

1.

___ – 0 = ___

2.

___ – ___ = 0

3.

___ – ___ = 0

4.

___ – 0 = ___

☑5.

___ – 0 = ___

☑6.

___ – ___ = 0

Nombre _____

Por tu cuenta

PRÁCTICAS Y PROCESOS MATEMÁTICOS (8) Usa el razonamiento repetitivo

Completa el enunciado de resta.

7.

$1 - 0 =$ ___

8.

___ $= 6 - 6$

9.

$0 =$ ___ $- 3$

10.

$1 - 1 =$ ___

11.

$3 - 0 =$ ___

12.

___ $= 8 - 0$

13.

$7 -$ ___ $= 7$

14.

$8 - 8 =$ ___

15.

$5 - 5 =$ ___

16.

___ $= 0 - 0$

MÁS AL DETALLE Elige números para completar el enunciado de resta.

17. ___ $-$ ___ $= 0$

18. ___ $-$ ___ $= 0$

Resolución de problemas · Aplicaciones  ESCRIBE ▸ Matemáticas

Escribe el enunciado numérico y di cuántos hay.

19. Hay 6 marcadores de libros en la mesa. Cero son azules y los demás son amarillos. ¿Cuántos marcadores amarillos hay?

____ ◯ ____ ◯ ____

____ marcadores **amarillos**

20. Jared tiene 8 dibujos. Le regaló algunos a Wendy. Jared ahora tiene 0 dibujos. ¿Cuántos dibujos le regaló Jared a Wendy?

____ ◯ ____ ◯ ____

____ dibujos

21. PIENSA MÁS Kevin tiene 3 hojas menos que Sandy. Sandy tiene 3 hojas. ¿Cuántas hojas tiene Kevin?

____ hojas

22. PIENSA MÁS ¿Es correcta la respuesta? Elige Sí o No.

$5 - 0 = 0$ ○ Sí   ○ No

$5 - 0 = 5$ ○ Sí   ○ No

$5 - 5 = 0$ ○ Sí   ○ No

 ACTIVIDAD PARA LA CASA · Pida a su niño que explique en qué se diferencian $4 - 4$ y $4 - 0$.

Restar todo o cero

Objetivo de aprendizaje Mostrarás lo que ocurre cuando restas 0 de un número.

Completa el enunciado de resta.

1.

$$3 - 0 = \underline{\hphantom{0}}$$

2.

$$2 - 2 = \underline{\hphantom{0}}$$

3. $5 - 0 = \underline{\hphantom{0}}$

4. $\underline{\hphantom{0}} = 1 - 0$

5. $6 - 6 = \underline{\hphantom{0}}$

6. $0 = \underline{\hphantom{0}} - 8$

Resolución de problemas En el mundo

Escribe el enunciado numérico y di cuántos hay.

7. Hay 9 libros en el estante. 0 son azules y los demás son verdes. ¿Cuántos libros verdes hay?

_____ libros verdes

8. ESCRIBE Matemáticas Usa dibujos y números para mostrar $2 - 0$.

Repaso de la lección

I. Completa el enunciado de resta.
¿Cuál es la diferencia de 4 − 0?

_____ − _____ = _____

2. Completa el enunciado de resta.
¿Cuál es la diferencia de 6 − 6?

_____ − _____ = _____

Repaso en espiral

3. Escribe el número. ¿Cuántos conejos hay?

3 conejos   y   3 conejos   _____ conejos

4. Completa un enunciado de suma para cada uno de los modelos.

_____ + _____ = 10

_____ + _____ = 9

_____ + _____ = 7

_____ + _____ = 8

© Houghton Mifflin Harcourt Publishing Company

PRACTICA MÁS CON EL
Entrenador personal
en matemáticas

Nombre _____

Álgebra • Separar números

Pregunta esencial ¿Cómo puedes mostrar
todas las maneras de separar un número?

Objetivo de aprendizaje Mostrarás todas
las maneras de separar los números
hasta 10.

Escucha y dibuja *En el mundo*

Usa ▮▯ para mostrar todas las maneras de separar
el 5. Haz y colorea un dibujo que muestre tu trabajo.

Separa 5
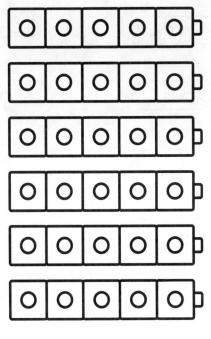

PARA EL MAESTRO • Lea el siguiente problema
y pida a los niños que muestren todas las maneras
de resolver el problema. Jada tiene 5 uvas. ¿Cuáles
son todas las maneras en que puede compartir las
uvas con su hermana?

Charla matemática

PRÁCTICAS Y PROCESOS MATEMÁTICOS 3

Aplica ¿Cómo sabes
que mostraste todas las
maneras?

Capítulo 2

ciento once **111**

Ahora Jada tiene 9 uvas. ¿Cuáles son todas las maneras en que puede compartir sus uvas con su hermana?

Completa el enunciado numérico.

1. $9 - \underline{0} = \underline{9}$

2. $9 - \underline{1} = \underline{8}$

Comparte y muestra

Usa ▪. Haz y colorea un dibujo que muestre cómo separar el 9. Completa el enunciado de resta.

Muestra todas las maneras de separar el 9.

3. $9 - \underline{\hspace{1cm}} = \underline{\hspace{1cm}}$

4. $9 - \underline{\hspace{1cm}} = \underline{\hspace{1cm}}$

5. $9 - \underline{\hspace{1cm}} = \underline{\hspace{1cm}}$

6. $9 - \underline{\hspace{1cm}} = \underline{\hspace{1cm}}$

7. $9 - \underline{\hspace{1cm}} = \underline{\hspace{1cm}}$

8. $9 - \underline{\hspace{1cm}} = \underline{\hspace{1cm}}$

9. $9 - \underline{\hspace{1cm}} = \underline{\hspace{1cm}}$

10. $9 - \underline{\hspace{1cm}} = \underline{\hspace{1cm}}$

Nombre _____

PRÁCTICAS Y PROCESOS MATEMÁTICOS 7 **Busca un patrón** Usa 🔲. Haz
y colorea un dibujo que muestre cómo separar
el 10. Completa el enunciado de resta.

Muestra todas
las maneras de
separar el 10.

11. ⬜⬜⬜⬜⬜⬜⬜⬜⬜⬜   10 − ___ = ___

12. ⬜⬜⬜⬜⬜⬜⬜⬜⬜⬜   10 − ___ = ___

13. ⬜⬜⬜⬜⬜⬜⬜⬜⬜⬜   10 − ___ = ___

14. ⬜⬜⬜⬜⬜⬜⬜⬜⬜⬜   10 − ___ = ___

15. ⬜⬜⬜⬜⬜⬜⬜⬜⬜⬜   10 − ___ = ___

16. ⬜⬜⬜⬜⬜⬜⬜⬜⬜⬜   10 − ___ = ___

17. ⬜⬜⬜⬜⬜⬜⬜⬜⬜⬜   10 − ___ = ___

18. ⬜⬜⬜⬜⬜⬜⬜⬜⬜⬜   10 − ___ = ___

19. ⬜⬜⬜⬜⬜⬜⬜⬜⬜⬜   10 − ___ = ___

20. ⬜⬜⬜⬜⬜⬜⬜⬜⬜⬜   10 − ___ = ___

21. ⬜⬜⬜⬜⬜⬜⬜⬜⬜⬜   10 − ___ = ___

Resolución de problemas • Aplicaciones

22. James tiene 10 libros. Comparte los libros con su hermana. Dibuja una forma en que puede compartir los libros.

23. **PIENSA MÁS** Hannah tiene 7 conchas. Las comparte con Emily. Dibuja dos formas en que puede compartir las conchas.

24. **MÁS AL DETALLE** Utilizo 6 canicas para jugar. Pierdo una canica. Luego pierdo una más. ¿Cuántas canicas me quedan?

_____ canicas

25. **PIENSA MÁS** Encierra en un círculo todos los modelos que muestran una forma de separar 8.

 ACTIVIDAD PARA LA CASA • Escriba 5 − 0 = 5 y
5 − 1 = 4. Pida a su niño que reste de 5 de otra manera.
Túrnense para mostrar todas las maneras de restar de 5.

Álgebra • Separar números

Objetivo de aprendizaje Mostrarás todas las maneras de separar los números hasta 10.

Usa ⬜. Colorea y haz un dibujo que muestre cómo separar 5. Completa el enunciado de resta.

1. [☐☐☐☐☐]   5 − ___ = ___

2. [☐☐☐☐☐]   5 − ___ = ___

3. [☐☐☐☐☐]   5 − ___ = ___

4. [☐☐☐☐☐]   5 − ___ = ___

5. [☐☐☐☐☐]   5 − ___ = ___

6. [☐☐☐☐☐]   5 − ___ = ___

Resolución de problemas

Resuelve.

7. Joe tiene 9 canicas. Le da todas
a su hermana. ¿Cuántas canicas
tiene Joe ahora?   ___ canicas

8. ✏ESCRIBE ▸ **Matemáticas** Usa dibujos
y números para mostrar
todas las maneras de
separar 8.

Repaso de la lección

1. Dibuja el . Muestra una manera para separar 8. Completa el enunciado numérico para que corresponda con tu modelo.

$$8 - \underline{} = \underline{}$$

Repaso en espiral

2. ¿Cuál es la suma?

$$\begin{array}{r} 6 \\ + 4 \\ \hline \end{array}$$

3. Resuelve. Hay 7 peces. Tres peces se van nadando. ¿Cuántos peces hay ahora?

___ peces

___ $\bigcirc$ ___ $\bigcirc$ ___

4. Resuelve. Hay 10 insectos. 8 se van saltando. ¿Cuántos insectos hay ahora?

___ insectos

___ $\bigcirc$ ___ $\bigcirc$ ___

PRACTICA MÁS CON EL
Entrenador personal
en matemáticas

Nombre _____

Resta de 10 o menos

Pregunta esencial ¿Por qué ciertas operaciones de resta son fáciles de restar?

Escucha y dibuja En el mundo

Haz un dibujo que muestre el problema. Luego escribe el problema de resta de dos maneras.

☐
☐
─
☐

____ − ____ = ____

☐
☐
─
☐

____ − ____ = ____

Charla matemática

PRÁCTICAS Y PROCESOS MATEMÁTICOS 6

Observa el problema de arriba. **Explica** por qué la diferencia es igual.

PARA EL MAESTRO • Lea el siguiente problema para la sección superior. Hay 5 aves en un árbol. Dos aves se van volando. ¿Cuántas aves quedan? Lea el siguiente problema para la parte inferior. Steve tiene 6 crayones. Le da 4 a Matt. ¿Cuántos crayones tiene Steve ahora?

ciento diecisiete **117**

Escribe el problema de resta.

Escribe el problema de resta.

1.

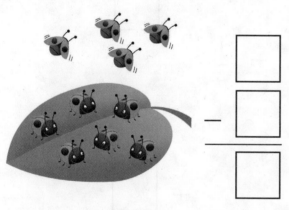

2.

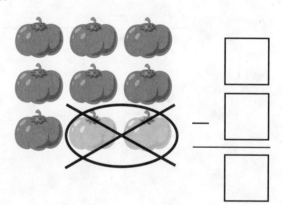

3.

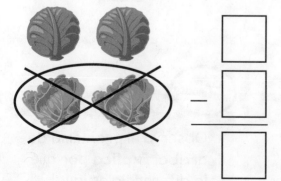

4.

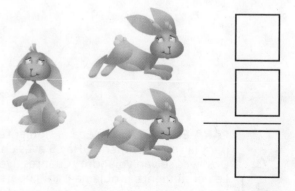

Por tu cuenta

PRÁCTICAS Y PROCESOS MATEMÁTICOS **6** **Presta atención a la precisión**

Escribe la diferencia.

5.   2
   − 1

6.   3
   − 3

7.   5
   − 4

8.   7
   − 3

9.   6
   − 2

10.   10
    − 7

11.   9
    − 9

12.   8
    − 2

13.   7
    − 4

14.   6
    − 3

15.   8
    − 0

16.   9
    − 4

17. **PIENSA MÁS** Escribe el enunciado numérico.
Hay 9 hormigas en un tronco. Tres hormigas
se van. ¿Cuántas hormigas quedan en el
tronco?

____ − ____ = ____

18. **PIENSA MÁS** Explica cómo el dibujo muestra
la resta.

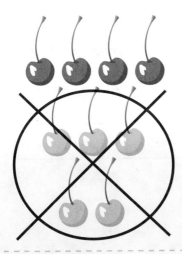

_____
_____
_____
_____
_____

Resolución de problemas · Aplicaciones

19. **MÁS AL DETALLE** Haz un dibujo que muestre la resta. Escribe el problema de resta que coincida con el dibujo.

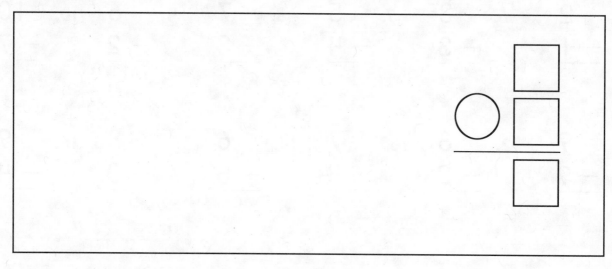

20. Escribe el enunciado numérico.

Hay 10 patos en el estanque.
Todos los patos se van volando.
¿Cuántos patos quedan?

_____ − _____ = _____

21. **PIENSA MÁS +** Escribe todos los enunciados de resta que coinciden con el cuento. Di por qué lo sabes.

Entrenador personal en matemáticas

Max tiene 6 zanahorias. Come más de 1 zanahoria y le queda más de 1 zanahoria. ¿Cuántas zanahorias le quedan?

_____

_____

_____

ACTIVIDAD PARA LA CASA · Diga un problema de resta a su niño. Pida a su niño que escriba el problema para restar de dos maneras. Luego pida a su niño que halle la diferencia.

Resta de 10 o menos

Objetivo de aprendizaje Mostrarás fluidez
con las operaciones de resta hasta 10.

Escribe la diferencia.

1. $\begin{array}{r} 5 \\ -1 \\ \hline \end{array}$

2. $\begin{array}{r} 3 \\ -2 \\ \hline \end{array}$

3. $\begin{array}{r} 8 \\ -3 \\ \hline \end{array}$

4. $\begin{array}{r} 6 \\ -4 \\ \hline \end{array}$

5. $\begin{array}{r} 7 \\ -0 \\ \hline \end{array}$

6. $\begin{array}{r} 5 \\ -3 \\ \hline \end{array}$

7. $\begin{array}{r} 4 \\ -4 \\ \hline \end{array}$

8. $\begin{array}{r} 8 \\ -1 \\ \hline \end{array}$

Resolución de problemas

Resuelve.

9. Hay 6 aves en el árbol.
Ninguna se va.
¿Cuántas aves quedan?

_____ − _____ = _____

10. **ESCRIBE ▸ Matemáticas** Halla 10 − 3.
Escribe la operación de resta
de dos maneras.

_____

_____

_____

Repaso de la lección

1. Escribe la diferencia.

$$\begin{array}{r} 4 \\ -\,0 \\ \hline \end{array}$$

Repaso en espiral

2. Resuelve. Escribe un enunciado numérico. Hay 8 bolígrafos. 3 son azules. Los demás son rojos. ¿Cuántos bolígrafos rojos hay?

_____ − _____ = _____

3. Encierra en un círculo los enunciados numéricos que muestran los mismos sumandos en otro orden.

$$4 + 5 = 9 \qquad 5 + 4 = 9 \qquad 9 - 4 = 5$$

PRACTICA MÁS CON EL
Entrenador personal en matemáticas

✓Repaso y prueba del Capítulo 2

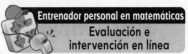

1. Encierra en un círculo la parte que quitas del grupo. Luego táchala. Escribe cuántas quedan.

5 cebras   3 cebras se van caminando.   Quedan _____ cebras.

MÁS AL DETALLE Encierra en un círculo la parte que quitas del grupo. Luego táchala. Escribe la diferencia.

2. Hay 6 gatos.
Cinco gatos se van corriendo.

6 – 5 = _____

3. Hay 4 perros.
Un perro se va corriendo.

4 – 1 = _____

---

4. ¿Es correcto el enunciado de resta? Elige Sí o No.

5 – 5 = 0	○ Sí	○ No
2 – 2 = 2	○ Sí	○ No
4 – 0 = 4	○ Sí	○ No

5. Colorea las 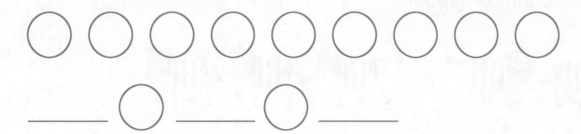 para resolver. Escribe el enunciado numérico y cuántos hay.

Hay 9 lápices. Cinco lápices son rojos. Los demás son amarillos. ¿Cuántos lápices amarillos hay?

◯ ◯ ◯ ◯ ◯ ◯ ◯ ◯ ◯

_____ ◯ _____ ◯ _____

_____ lápices amarillos

---

6. Lee el problema. Utiliza el modelo para resolver. Completa el modelo y el enunciado numérico.

Hay 6 ranas en un tronco. Una rana es grande. Las demás son pequeñas. ¿Cuántas ranas pequeñas hay?

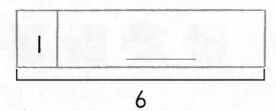

$6 - 1 =$ _____

---

7. Observa la ilustración. ¿Cuántos bates menos que pelotas hay? Elige el número.

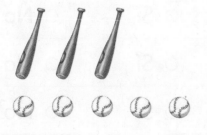

5

3   bates menos

2

8. Lee el problema. Utiliza el modelo
   de barras para resolver.

María tiene 2 piedras. Peter tiene
8 piedras. ¿Cuántas piedras más
que María tiene Peter?

_____ piedras

9. Los modelos muestran dos formas de
   separar 6. Completa los enunciados de
   resta. Utiliza estos números.

| 1 | 2 | 4 | 5 |

6 − _____ = _____

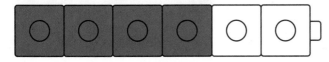

6 − _____ = _____

10. Escribe el enunciado de resta en la
    columna que muestra la diferencia.

$$10 \atop - \ 5$$ $$5 \atop - \ 1$$ $$7 \atop - \ 4$$

3	4	5

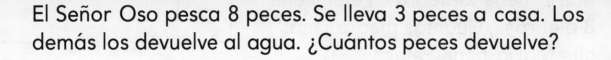
11. PIENSA MÁS ✚ Lee el problema. Dibuja un modelo para resolver. Completa el enunciado numérico.

El Señor Oso pesca 8 peces. Se lleva 3 peces a casa. Los demás los devuelve al agua. ¿Cuántos peces devuelve?

_____ − _____ = _____ peces

12. Escribe el enunciado de resta que muestra el dibujo.

_____ − _____ = _____

Explica.

_____

_____

_____

Estrategias de suma

Aa

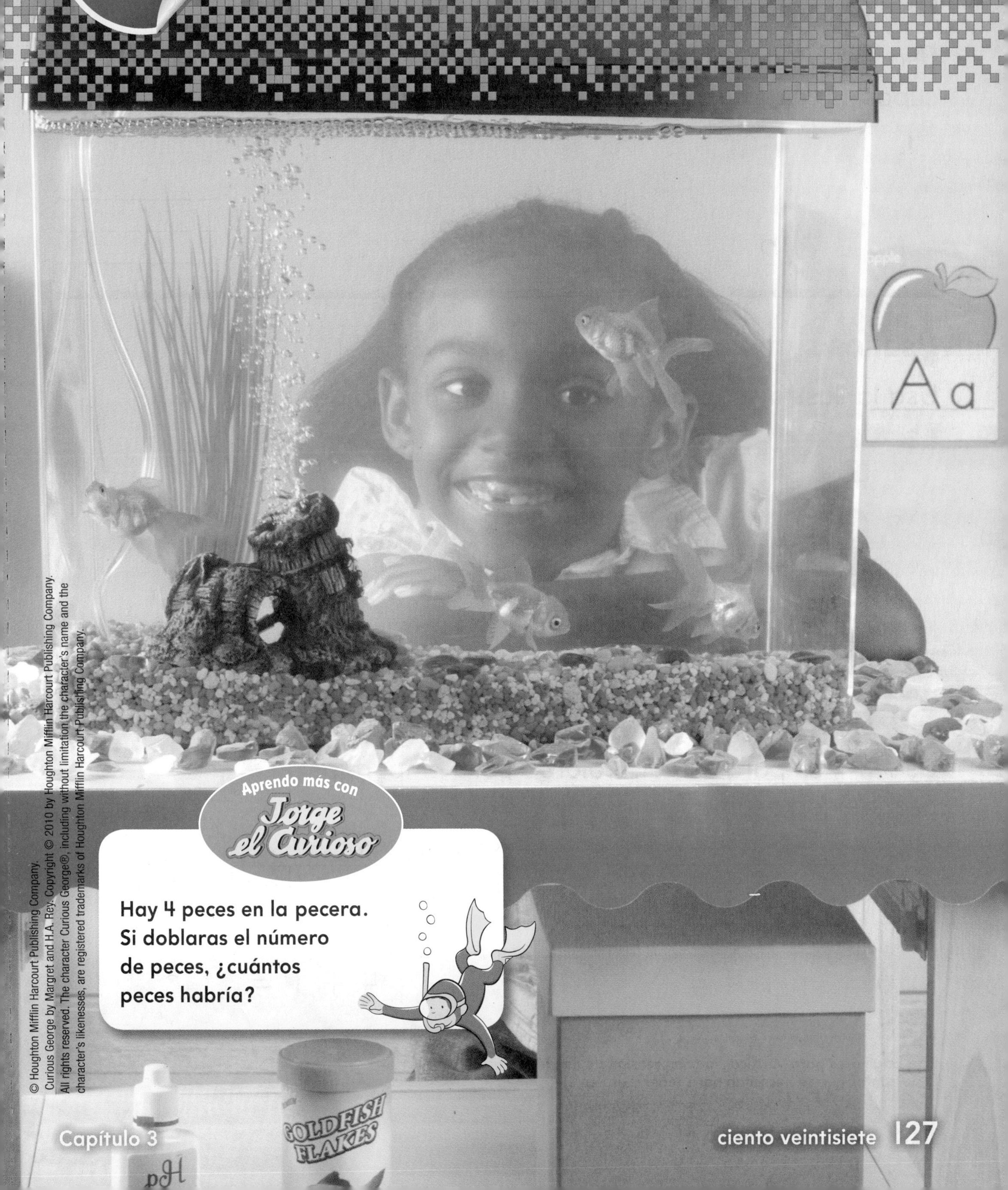

Aprendo más con

**Jorge
el Curioso**

Hay 4 peces en la pecera.
Si doblaras el número
de peces, ¿cuántos
peces habría?

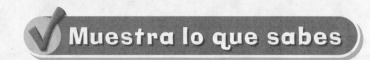 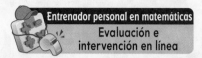

Haz un modelo de la suma

Usa para mostrar cada número. Dibuja los cubos. Escribe cuántos hay en total.

1.

$2 \quad + \quad 3$

_____

Usa los signos para sumar

Usa la ilustración. Luego escribe el enunciado de suma.

2.

___◯___◯___

3.

___◯___◯___

Suma en cualquier orden

Usa y  para sumar. Colorea para emparejar. Escribe cada suma.

4.

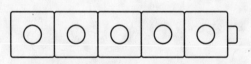

$1 + 4 = \underline{\quad}$

5.

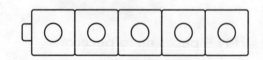

$4 + 1 = \underline{\quad}$

Esta página es para verificar la comprensión de las destrezas importantes que se necesitan para tener éxito en el Capítulo 3.

Desarrollo del vocabulario

Visualízalo

Escribe los sumandos y la suma
del enunciado de suma.

enunciado
de suma
$7 + 2 = 9$

sumandos

____ y ____

suma

____

Comprende el vocabulario

Completa los enunciados con las palabras
de repaso.

1. En $4 + 3 = 7$, 4 y 3 son los _____.

2. $4 + 3 = 7$ es un _____.

3. Juntas 4 cubos y 3 cubos para

_____ los grupos.

© Houghton Mifflin Harcourt Publishing Company

Juego Sumas de patitos

Materiales • • •
• •

Juega con un compañero.

1. Coloca tu en la SALIDA.

2. Lanza el . Mueve tu ese número de espacios.

3. Haz una rueda giratoria con una , un y un . Hazla girar.

4. Suma el número que te tocó en la rueda giratoria y el número en el que está tu . Tu compañero verifica la suma.

5. Túrnense. El ganador es el primer jugador que alcanza la LLEGADA.

SALIDA

8 9 4 6 5

7 6 9 5 8 3 7

4

8

3 6 5 7 9

LLEGADA

Vocabulario del Capítulo 3

contar hacia adelante

count on

7

dobles

doubles

18

dobles más uno

doubles plus one

19

dobles menos uno

doubles minus one

20

enunciado de suma

addition sentence

24

formar una decena

make a ten

29

sumando

addend

54

sumar

add

55

$$5 + 5 = 10$$

Con **dobles**, los dos sumandos son iguales.

Di 7. Cuenta 2 **hacia adelante**.

$$7 + 2 = 9$$

$$5 + 5 = 10,\ \text{entonces}$$
$$5 + 4 = 9$$

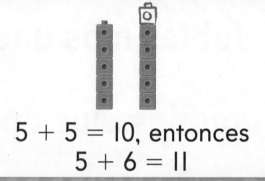

$$5 + 5 = 10,\ \text{entonces}$$
$$5 + 6 = 11$$

Mueve 2 fichas al cuadro de diez.
Forma una decena.

$$\begin{array}{r} 8 \\ + 4 \\ \hline 12 \end{array}$$

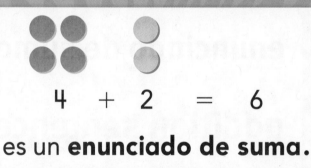

$$4 \quad + \quad 2 \quad = \quad 6$$

es un **enunciado de suma.**

$$3 + 2 = 5$$

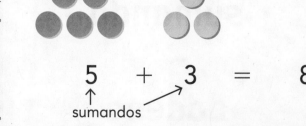

$$5 \quad + \quad 3 \quad = \quad 8$$

sumandos

Concentración

Materiales

2 juegos de tarjetas de palabras

Instrucciones

Juega con un compañero.

1. Mezcla las tarjetas. Coloca las tarjetas en filas con el lado en blanco hacia arriba.

2. Voltea las dos tarjetas.
   - Si las dos palabras son iguales, consérvalas.
   - Si las palabras no son iguales, regrésalas con el lado en blanco hacia arriba.

3. Es el turno del otro jugador.

4. Halla todos los pares. Gana el jugador que tenga más pares.

Recuadro de palabras

sumar

sumando

enunciado de suma

contar hacia adelante

dobles

dobles menos uno

dobles más uno

formar una decena

Escríbelo

Reflexiona

Selecciona una idea. Dibuja y escribe sobre ella.

- Mary escribe el enunciado de suma 4 + 5.

  Rose escribe el enunciado de suma 5 + 4.

  ¿Obtendrán la misma respuesta? Di cómo lo sabes.

- Piensa en las maneras en las que aprendiste a sumar.
  Di cuál es tu manera favorita de sumar. Explica por qué.

Nombre _____

Álgebra • Sumar en cualquier orden

Pregunta esencial ¿Qué pasa si cambias el orden de los sumandos al sumar?

Objetivo de aprendizaje Comprenderás lo que ocurre si cambias el orden de los sumandos al sumar.

Escucha y dibuja En el mundo

Usa 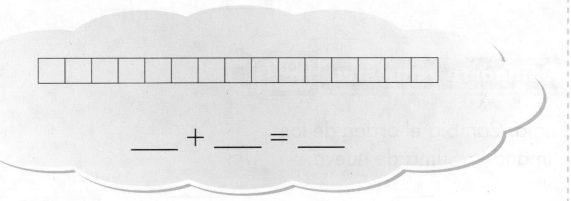 y ✏️. Colorea para hacer un modelo del problema. Escribe el enunciado de suma.

___ + ___ = ___

Usa 🖍️ y 🖍️. Colorea para cambiar el orden. Escribe el enunciado de suma.

___ + ___ = ___

PARA EL MAESTRO • Lea el problema. George ve 7 pájaros azules y 8 pájaros rojos. ¿Cuántos pájaros ve? Explique a los niños cómo trabajar en el cambio del orden de los sumandos.

Charla matemática

 PRÁCTICAS Y PROCESOS MATEMÁTICOS

Describe cómo la operación 7 + 8 te sirve para saber cuánto es 8 + 7.

Si usas los mismos sumandos, ¿qué otra operación puedes escribir?

5
+6

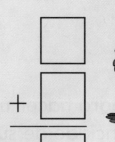

$+$

Suma. Cambia el orden de los sumandos. Suma de nuevo.

I.

8
+9

$+$

2.

6
+7

$+$

3.

7
+5

$+$

4.

2
+8

$+$

☑5.

9
+2

$+$

☑6.

8
+4

$+$

Por tu cuenta

PRÁCTICAS Y PROCESOS MATEMÁTICOS **6** **Presta atención a la precisión** Suma.
Cambia el orden de los sumandos. Suma de nuevo.

7.
$$9$$
$$+6$$
☐ + ☐

8.
$$0$$
$$+6$$
☐ + ☐

9.
$$8$$
$$+3$$
☐ + ☐

10.
$$5$$
$$+9$$
☐ + ☐

11.
$$4$$
$$+5$$
☐ + ☐

12.
$$8$$
$$+5$$
☐ + ☐

13. **PIENSA MÁS** Nina usa el enunciado numérico 3 + 7
para hablar sobre sus camiones de juguete.
¿Qué otro enunciado numérico podría escribir
Nina para hablar de sus camiones
usando los mismos sumandos?   ___ = ___ + ___

14. **MÁS AL DETALLE** **Explica** Si Adam sabe que 4 + 7 = 11,
¿qué otra operación de suma sabe?
Escribe la operación nueva en la casilla.
Di cómo sabe Adam la operación nueva.

_____

_____

_____

Resolución de problemas • Aplicaciones En el mundo

ESCRIBE Matemáticas

Escribe dos enunciados de suma con los que puedes resolver el problema. Escribe la respuesta.

15. Roy ve 4 peces grandes y 9 peces pequeños. ¿Cuántos peces ve Roy?

____ peces

___ + ___ = ___

___ + ___ = ___

16. **PIENSA MÁS** Justin tiene 6 juguetes. Le dan 8 juguetes más. ¿Cuántos juguetes tiene ahora?

____ juguetes

___ + ___ = ___

___ + ___ = ___

17. **PIENSA MÁS** Anna tiene dos grupos de monedas de 1¢. Tiene 10 monedas de 1¢ en total. Cuando cambia el orden de los sumandos, el enunciado de suma es el mismo. ¿Qué enunciado puede escribir Anna?

___ = ___ + ___

18. **PIENSA MÁS** Escribe los sumandos en diferente orden.

$3 + 4 = 7$

___ + ___ = 7

ACTIVIDAD PARA LA CASA • Pida a su niño que explique qué le sucede a la suma cuando usted cambia el orden de los sumandos.

Álgebra • Sumar en cualquier orden

Objetivo de aprendizaje Comprenderás lo que ocurre si cambias el orden de los sumandos al sumar.

Suma. Cambia el orden de los sumandos. Suma de nuevo.

1.
$$\begin{array}{r} 7 \\ + \ 3 \\ \hline \end{array}$$
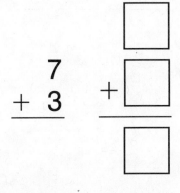

2.
$$\begin{array}{r} 4 \\ + \ 7 \\ \hline \end{array}$$

3.
$$\begin{array}{r} 9 \\ + \ 8 \\ \hline \end{array}$$

Resolución de problemas En el mundo

Escribe dos enunciados de suma que puedas usar para resolver el problema.

4. Camila tiene 5 conchas de mar. Luego encuentra 4 conchas más. ¿Cuántas conchas de mar tiene ahora?

___ + ___ = ___

___ + ___ = ___

5. ESCRIBE ▸ Matemáticas Usa dibujos o palabras para explicar cómo usarías la suma de 13 para mostrar cómo se suma en cualquier orden.

Repaso de la lección

1. ¿Cuál es otra manera de escribir $7 + 6 = 13$?

$$6 + 7 = \underline{}$$

2. ¿Cuál es otra manera de escribir $6 + 8 = 14$?

$$8 + 6 = \underline{}$$

Repaso en espiral

3. ¿Cuál es la suma? Escribe el número.

$$\begin{array}{r} 4 \\ + \ 3 \\ \hline \end{array}$$

4. ¿Cuántos nidos hay?
Escribe el número.

2 nidos   y   1 nido más   ___ nidos

PRACTICA MÁS CON EL
**Entrenador personal
en matemáticas**

Nombre _____

Contar hacia adelante

Pregunta esencial ¿Cómo cuentas hacia adelante 1, 2 o 3?

Objetivo de aprendizaje Contarás hacia adelante 1, 2 o 3 para hallar sumas hasta 20.

Escucha En el mundo

Comienza en el 9. ¿Cómo cuentas hacia adelante para sumar?
Suma 1.

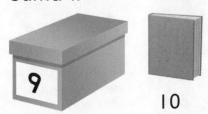

10

$$9 + 1 = \underline{}$$

Suma 2.

10   11

$$9 + 2 = \underline{}$$

Suma 3.

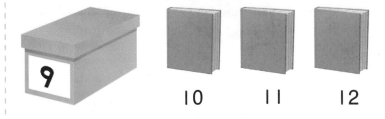

10   11   12

$$9 + 3 = \underline{}$$

PARA EL MAESTRO • Lea el siguiente problema y use el espacio de arriba para resolver. Sam tiene 9 libros en una caja. Le dan 1 más. ¿Cuántos libros tiene? Repita la actividad en los otros dos espacios, diga: *Le dan 2 más* y *Le dan 3 más.*

Charla matemática

PRÁCTICAS Y PROCESOS MATEMÁTICOS

Analiza. ¿En qué se parecen contar hacia adelante 2 y sumar 2?

Puedes **contar hacia adelante** para sumar 1, 2 o 3.
Comienza con el sumando mayor.

Comienza con 5.
Cuenta hacia
adelante 3.

___6___ ___7___ ___8___

3 + (5) = ___8___

Comparte y muestra MATH BOARD

Encierra en un círculo el sumando mayor. Dibuja
para contar hacia adelante 1, 2 o 3. Escribe la suma.

1.

2 + (6) = ___8___

2.

6 + 3 = ___

3.

___ = 1 + 6

4.

___ = 7 + 1

5.

2 + 7 = ___

6.

___ = 7 + 3

Nombre _____

PRÁCTICAS Y PROCESOS MATEMÁTICOS ⑤ Encierra en un círculo el sumando mayor. Cuenta hacia adelante para hallar la suma.

7.	8.	9.	10.	11.	12.
1 +9	8 +3	1 +8	1 +6	9 +3	7 +2

13.	14.	15.	16.	17.	18.
2 +6	5 +3	7 +1	3 +7	9 +2	3 +4

19. **MÁS AL DETALLE** Adam tiene 6 sombreros. Molly tiene 3 sombreros. Apilan todos sus sombreros. Luego Blake coloca 2 sombreros más sobre la pila. ¿Cuántos sombreros hay en la pila?

_____ + _____ = _____ sombreros

_____ + _____ = _____ sombreros

20. **PRÁCTICAS Y PROCESOS MATEMÁTICOS ⑥** **Explica** Terry sumó 3 y 7. Obtuvo una suma de 9. Su resultado **no** es correcto. Describe cómo puede Terry hallar el resultado correcto.

_____

_____

_____

_____

Resolución de problemas • Aplicaciones  ESCRIBE ▸ Matemáticas

Haz un dibujo para resolver. Escribe el enunciado de suma.

21. **PIENSA MÁS** Cindy y Joe cosechan 8 naranjas. Luego cosechan 3 naranjas más. ¿Cuántas naranjas cosechan?

_____ + _____ = _____ naranjas

¿Qué tres números puedes usar para completar el problema?

22. **PIENSA MÁS** Jennifer tiene _____ estampillas.

Le dan _____ estampillas más.
¿Cuántas estampillas tiene ahora?

_____ + _____ = _____ estampillas

23. **PIENSA MÁS** Cuenta hacia adelante a partir de 3. Escribe en el siguiente cuadro el número que muestra 2 más.

ACTIVIDAD PARA LA CASA • Pida a su niño que le diga cómo contar hacia adelante para hallar la suma de 6 + 3.

Contar hacia adelante

Objetivo de aprendizaje Contarás hacia adelante 1, 2 o 3 para hallar sumas hasta 20.

Encierra en un círculo el sumando mayor.
Cuenta hacia adelante para hallar la suma.

I.
$$
\begin{array}{r}
8 \\
+\ 2 \\
\hline
\end{array}
$$

2.
$$
\begin{array}{r}
1 \\
+\ 7 \\
\hline
\end{array}
$$

3.
$$
\begin{array}{r}
3 \\
+\ 9 \\
\hline
\end{array}
$$

4.
$$
\begin{array}{r}
5 \\
+\ 3 \\
\hline
\end{array}
$$

Resolución de problemas

Haz un dibujo para resolver.
Escribe el enunciado de suma.

5. Jon come 6 galletas.
Luego come 3 galletas más.
¿Cuántas galletas come?

___ + ___ = ___ galletas

5. ESCRIBE ▸ **Matemáticas** Usa dibujos o palabras para explicar cómo hallar 9 + 3 al contar hacia adelante.

Repaso de la lección

1. Cuenta hacia adelante para resolver
$5 + 2$. Escribe la suma.

_____

2. Cuenta hacia adelante para resolver
$1 + 9$. Escribe la suma.

_____

Repaso en espiral

3. ¿Qué muestra el modelo?

_____ + _____ = _____

4. Hay 4 patos nadando en el estanque. Llegan 2 patos más. ¿Cuántos patos hay en el estanque ahora?

4	2

_____

Completa el modelo y el enunciado numérico.

$4 + 2 =$ _____

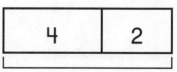

PRACTICA MÁS CON EL
Entrenador personal
en matemáticas

Sumar dobles

Pregunta esencial ¿Qué son las operaciones de dobles?

Objetivo de aprendizaje Usarás operaciones de dobles para resolver operaciones de suma del mundo real con sumas hasta 20.

Escucha y dibuja En el mundo · Manos a la obra

Usa ▪. Dibuja ▪ para resolver.
Escribe el enunciado de suma.

___ + ___ = ___

PARA EL MAESTRO • Lea el siguiente problema. Sal construyó dos torres. Cada torre tiene 4 cubos. ¿Cuántos cubos usó Sal para construir las dos torres?

Charla matemática
PRÁCTICAS Y PROCESOS MATEMÁTICOS 5

Usa herramientas Describe cómo tu modelo muestra una operación de dobles.

¿Por qué estas son operaciones de **dobles**?

$$\begin{array}{r} 1 \\ + 1 \\ \hline 2 \end{array}$$

$$\begin{array}{r} 2 \\ + 2 \\ \hline \end{array}$$

Comparte y muestra MATH BOARD

Usa . Dibuja para mostrar tu trabajo.
Escribe la suma.

1.

$$\begin{array}{r} 3 \\ + 3 \\ \hline \end{array}$$

2.

$$\begin{array}{r} 4 \\ + 4 \\ \hline \end{array}$$

3.

$$\begin{array}{r} 5 \\ + 5 \\ \hline \end{array}$$

4.

$$\begin{array}{r} 6 \\ + 6 \\ \hline \end{array}$$

Nombre _____

Por tu cuenta

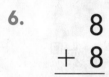 Usa 🔲. Dibuja 🔲 para mostrar tu trabajo. Escribe la suma.

5.
$$\begin{array}{r} 7 \\ +\ 7 \\ \hline \end{array}$$

6.
$$\begin{array}{r} 8 \\ +\ 8 \\ \hline \end{array}$$

7. **PRÁCTICAS Y PROCESOS MATEMÁTICOS ⑦** **Busca un patrón** Vuelve a ver los Ejercicios 1 a 6. Escribe la operación que seguiría en el patrón. Dibuja 🔲 para mostrar tu trabajo.

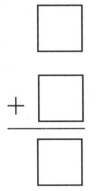

Suma.

8.	**9.**	**10.**	**11.**	**12.**	**13.**
$\begin{array}{r} 5 \\ +\ 5 \\ \hline \end{array}$	$\begin{array}{r} 7 \\ +\ 7 \\ \hline \end{array}$	$\begin{array}{r} 6 \\ +\ 6 \\ \hline \end{array}$	$\begin{array}{r} 10 \\ +\ 10 \\ \hline \end{array}$	$\begin{array}{r} 4 \\ +\ 4 \\ \hline \end{array}$	$\begin{array}{r} 8 \\ +\ 8 \\ \hline \end{array}$

Resolución de problemas • Aplicaciones En el mundo

Escribe una operación de dobles para resolver.

14. **PIENSA MÁS** Meg y Paul ponen 8 manzanas en una canasta cada uno. ¿Cuántas manzanas hay en la canasta?

___ + ___ = ___ manzanas

15. **PIENSA MÁS** Hay 18 invitados en la fiesta. Hay niños y niñas. El número de niños es igual al número de niñas.

___ = ___ + ___

16. **PIENSA MÁS** Los cubos muestran una operación de dobles. Elige la operación de dobles y la suma.

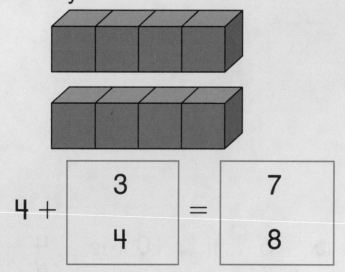

$$4 + \begin{array}{c} 3 \\ 4 \end{array} = \begin{array}{c} 7 \\ 8 \end{array}$$

ACTIVIDAD PARA LA CASA • Pida a su niño que elija un número del 1 al 10 y que haga una operación de dobles con ese número. Repita la actividad con otros números.

Sumar dobles

Objetivo de aprendizaje Usarás operaciones de dobles para resolver operaciones de suma del mundo real con sumas hasta 20.

Usa 🎲. Dibuja 🎲 para mostrar tu trabajo. Escribe la suma.

1.
$$\begin{array}{r} 4 \\ + \ 4 \\ \hline \end{array}$$

2.
$$\begin{array}{r} 6 \\ + \ 6 \\ \hline \end{array}$$

3.
$$\begin{array}{r} 3 \\ + \ 3 \\ \hline \end{array}$$

4.
$$\begin{array}{r} 8 \\ + \ 8 \\ \hline \end{array}$$

Resolución de problemas En el mundo

Escribe una operación de dobles para resolver.

5. Hay 16 crayones en la caja.
Unos son verdes y otros son rojos.
El número de crayones verdes es
igual al número de crayones rojos.

_____ = _____ + _____

6. **ESCRIBE** Matemáticas Usa dibujos
o palabras para explicar
cómo podrías hallar la suma
de $7 + 7$.

Repaso de la lección

1. Escribe una operación de dobles con la suma de 18.

___ + ___ = 18

2. Escribe una operación de dobles con la suma de 12.

___ + ___ = 12

Repaso en espiral

3. ¿Cuál es la suma de 3 y 2?

Dibuja el ⬚. Escribe la suma.

___ + ___ = ___

4. Dibuja círculos para mostrar los números.
Escribe la suma.

___ + ___ = ___

PRACTICA MÁS CON EL
Entrenador personal
en matemáticas

Nombre _____

Usar dobles para sumar

Pregunta esencial ¿Cómo puedes usar los dobles para ayudarte a sumar?

Objetivo de aprendizaje Usarás dobles como ayuda para sumar.

Escucha y dibuja En el mundo · Manos a la obra

Haz un dibujo que muestre el problema.
Escribe el número de peces.

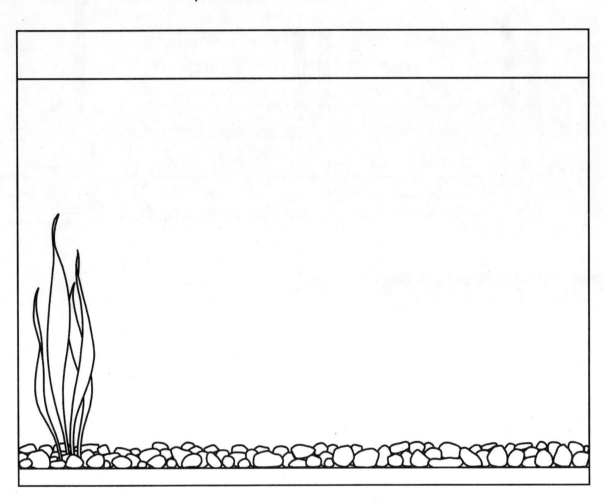

Hay _____ peces.

PARA EL MAESTRO • Lea el siguiente problema. Hay 3 peces anaranjados, 3 peces rojos y 1 pez blanco en la pecera. ¿Cuántos peces hay en la pecera?

Charla matemática

 PRÁCTICAS Y PROCESOS MATEMÁTICOS 7

Busca estructuras ¿Cómo te ayuda a resolver el problema si sabes lo que es 3 + 3?

¿Cómo te sirve una operación de dobles para resolver 6 + 7?

Separa el 7;
7 es lo mismo
que 6 + 1.

⇨

Resuelve la
operación de
dobles 6 + 6.

⇨

PIENSA
¿Cuánto es uno
más que 12?

$6 + 7$ = __6__ + __6__ + __1__ = __12__ + __1__ = __13__

Por lo tanto, 6 + 7 = ____.

Comparte y muestra MATH BOARD

Usa 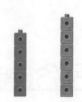 para hacer un modelo. Forma dobles. Suma.

✓ **1.**

$9 + 8$

____ + ____ + ____

____ + ____ = ____

Por lo tanto, 9 + 8 = ____.

✓ **2.**

$5 + 6$

____ + ____ + ____

____ + ____ = ____

Por lo tanto, 5 + 6 = ____.

Nombre _____

PRÁCTICAS Y PROCESOS MATEMÁTICOS (5) Usa un modelo concreto

Usa . Forma dobles y suma.

3.

$$7 + 8$$

_____ + _____   _____ + _____

Por lo tanto, $7 + 8 =$ _____.

4.

$$5 + 4$$

_____ + _____   _____ + _____

Por lo tanto, $5 + 4 =$ _____.

5. PIENSA MÁS   Mandy tiene el mismo número de hojas rojas y amarillas. Luego encuentra otra hoja amarilla. Tiene 17 hojas en total. ¿Cuántas hojas rojas tiene? ¿Cuántas hojas amarillas tiene?

_____ hojas rojas   _____ hojas amarillas

MÁS AL DETALLE **Explica** ¿Resolverías contando hacia adelante o usando dobles? ¿Por qué?

6. $3 + 4$

_____
_ _ _ _ _ _ _ _ _ _ _ _ _ _ _
_____
_ _ _ _ _ _ _ _ _ _ _ _ _ _ _
_____

7. $3 + 9$

_____
_ _ _ _ _ _ _ _ _ _ _ _ _ _ _
_____
_ _ _ _ _ _ _ _ _ _ _ _ _ _ _
_____

Resolución de problemas · Aplicaciones

ESCRIBE · Matemáticas

8. **PIENSA MÁS** Usa lo que sabes sobre dobles para completar la clave. Escribe las sumas que faltan.

○ + ○ = 4

○ + ● = ___

● + ● = 6

● + ● = ___

● + ● = 8

Clave

○ = ___

● = ___

● = ___

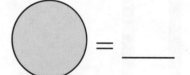

9. **PIENSA MÁS +** Hay 7 cubos rojos. Hay 8 cubos amarillos. ¿Cuántos cubos hay en total? Utiliza una operación con dobles para sumar. Escribe los números que faltan.

Entrenador personal en matemáticas

$7 + 8 = \boxed{} + \boxed{} + 1$

Por lo tanto, $7 + 8 = \boxed{}$

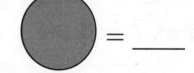

 ACTIVIDAD PARA LA CASA · Pida a su niño que muestre cómo usar lo que sabe sobre dobles para resolver 6 + 5.

152 ciento cincuenta y dos

Usar dobles para sumar

Objetivo de aprendizaje Usarás dobles como ayuda para sumar.

Usa ⚀ ⚀. **Forma dobles. Suma.**

1.

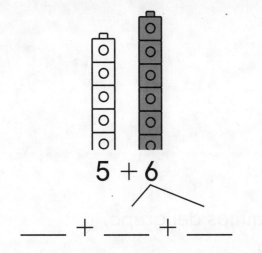

$5 + 6$

___ + ___ + ___

Por lo tanto, $5 + 6 =$ ___.

2.

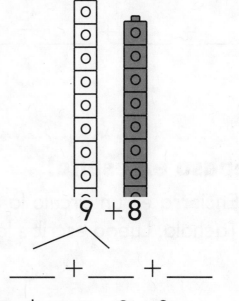

$9 + 8$

___ + ___ + ___

Por lo tanto, $9 + 8 =$ ___.

Usa dobles como ayuda para sumar.

3. $8 + 7 =$ ___

4. $6 + 5 =$ ___

5. $7 + 6 =$ ___

Resolución de problemas 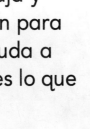 En el mundo

Resuelve. Dibuja o escribe la explicación.

6. Bob tiene 6 juguetes. Mila tiene 7 juguetes.
¿Cuántos juguetes tienen los dos?   ___ **juguetes**

7. ESCRIBE ⟩ Matemáticas Dibuja y
rotula una ilustración para
mostrar cómo te ayuda a
hallar $7 + 8$, si sabes lo que
es $7 + 7$.

Repaso de la lección

I. Usa dobles para hallar la suma de 7 + 8.
Escribe el enunciado numérico.

___ + ___ + ___ = ___

Repaso en espiral

2. Encierra en un círculo la parte que quitas del grupo.
Táchala. Luego escribe la diferencia.

$$8 - 6 = \underline{\quad}$$

3. Hay 7 gatitos grises. Hay
2 gatitos negros. ¿Cuántos
gatitos negros menos que
gatitos grises hay? Usa el
modelo de barras para resolver.
Luego escribe el enunciado numérico.

7

2	

___

___ − ___ = ___

PRACTICA MÁS CON EL
Entrenador personal
en matemáticas

Nombre _____

Dobles más 1 y dobles menos 1

Pregunta esencial ¿Cómo puedes usar lo que sabes sobre dobles para hallar otras sumas?

Objetivo de aprendizaje Usarás dobles más uno y dobles menos uno para hallar sumas hasta 20.

Escucha y dibuja

¿Cómo usarías la operación de dobles, 4 + 4, para resolver cada problema? Haz un dibujo que lo muestre. Completa el enunciado de suma.

4 + ___ = 9

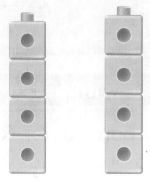

4 + ___ = 7

PRÁCTICAS Y PROCESOS MATEMÁTICOS 6

Charla matemática

Explica qué pasa en la operación de dobles cuando le aumentas uno o le disminuyes uno a un sumando.

PARA EL MAESTRO · Lea los problemas. Observa la operación de dobles 4 + 4. En el primer espacio haz un dibujo que muestre 1 más. En el segundo espacio haz un dibujo que muestre 1 menos.

Usa la operación de dobles 5 + 5 para sumar.

Usa **dobles más uno**.
Suma 1 a la operación de dobles 5 + 5.

Usa **dobles menos uno**.
Resta 1 a la operación de dobles 5 + 5.

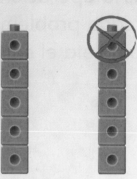

5 + 6 = $\boxed{11}$ 5 + 4 = $\boxed{9}$

Comparte y muestra   MATH BOARD

Usa  para sumar. Resuelve la operación de dobles.
Luego usa dobles más uno o dobles menos uno. Encierra en un círculo + o − para mostrar cómo resolviste cada problema.

1. 2 + 2 = ☐   2 + 3 = ☐   2 + 1 = ☐
                      dobles $\overset{+}{\underset{-}{}}$ uno   dobles $\overset{+}{\underset{-}{}}$ uno

2. 3 + 3 = ☐   3 + 4 = ☐   3 + 2 = ☐
                      dobles $\overset{+}{\underset{-}{}}$ uno   dobles $\overset{+}{\underset{-}{}}$ uno

3. 4 + 4 = ☐   4 + 5 = ☐   4 + 3 = ☐
                      dobles $\overset{+}{\underset{-}{}}$ uno   dobles $\overset{+}{\underset{-}{}}$ uno

Por tu cuenta

PRÁCTICAS Y PROCESOS MATEMÁTICOS **6**   **Hacer conexiones** Suma. Escribe la operación de dobles que usaste para resolver el problema.

4. $8 + 9 =$ ___

___ ◯ ___ ◯ ___

5. $2 + 3 =$ ___

___ ◯ ___ ◯ ___

6. $7 + 6 =$ ___

___ ◯ ___ ◯ ___

7. $6 + 5 =$ ___

___ ◯ ___ ◯ ___

8. $3 + 4 =$ ___

___ ◯ ___ ◯ ___

9. $4 + 5 =$ ___

___ ◯ ___ ◯ ___

10. **PIENSA MÁS**   Brianna tiene 6 patos de juguete. Ian tiene el mismo número de patos de juguete y un pez de juguete. ¿Cuántos juguetes tienen Brianna e Ian en total?

___ ◯ ___ ◯ ___ juguetes

PIENSA MÁS   Suma. Escribe la operación de dobles más uno. Escribe la operación de dobles menos uno.

11.	$\begin{array}{r} 6 \\ + 6 \\ \hline \end{array}$	dobles más uno	dobles menos uno

Resolución de problemas • Aplicaciones   ESCRIBE ▸ Matemáticas

12. **MÁS AL DETALLE** Grace quiere escribir las sumas de operaciones de dobles más uno y de dobles menos uno. Comenzó por escribir las sumas. Ayúdala a hallar el resto de las sumas.

+	0	1	2	3	4	5	6	7	8	9
0	0	1								
1	1	2	3							
2		3	4	5						
3			5	6	7					
4				7	8					
5						10	11			
6							11	12		
7								14	15	
8									15	16
9										18

13. **PIENSA MÁS** Elige todas las operaciones de dobles que pueden ayudarte a resolver 4 + 5.

○ $9 + 9 = 18$

○ $5 + 5 = 10$

○ $4 + 4 = 8$

 ACTIVIDAD PARA LA CASA • Pida a su niño que explique cómo usar una operación de dobles para resolver la operación de dobles más uno 4 + 5 y la operación de dobles menos uno 4 + 3.

Dobles más 1 y dobles menos 1

Suma. Escribe la operación de dobles que usaste para resolver el problema.

Objetivo de aprendizaje Usarás dobles más uno y dobles menos uno para hallar sumas hasta 20.

1. 8 + 7 = ___

___ ◯ ___ ◯ ___

2. 6 + 7 = ___

___ ◯ ___ ◯ ___

3. 4 + 3 = ___

___ ◯ ___ ◯ ___

4. 2 + 1 = ___

___ ◯ ___ ◯ ___

5. 8 + 9 = ___

___ ◯ ___ ◯ ___

6. 3 + 2 = ___

___ ◯ ___ ◯ ___

Resolución de problemas En el mundo

7. Andy escribe una operación de suma.
   Uno de los sumandos es 9. La suma es 17.
   ¿Cuál es el otro sumando?
   Escribe la operación de suma.

   ___ + ___ = 17

8. ESCRIBE Matemáticas Usa dibujos o palabras para explicar cómo usarías dobles más uno para resolver 4 + 5.

Repaso de la lección

1. Usa la imagen. Escribe un enunciado
numérico de dobles más uno.

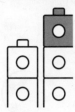

___ + ___ + ___

2. ¿Qué operación de dobles te sirve para resolver
8 + 7 = 15? Escribe el enunciado numérico.

___ + ___ + ___

Repaso en espiral

3. Hay 7 perros grandes y 2 perros pequeños.
¿Cuántos perros hay?

Usa ⬤ para resolver. Haz un dibujo para mostrar
tu trabajo. Escribe el enunciado numérico y cuántos hay.

___ perros   ___ ___ ___

4. ¿Cuál es la suma de 2 y 1 más?
Dibuja los 🔲. Escribe la suma.

___   2 + 1 = ___

PRACTICA MÁS CON EL
**Entrenador personal
en matemáticas**

Nombre _____

Practicar las estrategias

Pregunta esencial ¿Qué estrategias te sirven para resolver problemas de operaciones de suma?

Objetivo de aprendizaje Usarás estrategias como ayuda para resolver problemas de operaciones de suma.

Escucha y dibuja

Piensa en varias estrategias de suma. Escribe o dibuja dos maneras de resolver $4 + 3$.

$4 + 3 =$ ___	
Manera 1	Manera 2

PARA EL MAESTRO • Anime a los niños a usar varias estrategias para mostrar dos maneras de resolver $4 + 3$. Pida a los niños que compartan sus resultados y que comenten todas las estrategias.

Charla matemática

PRÁCTICAS Y PROCESOS MATEMÁTICOS 7

Busca estructuras ¿Por qué la suma es la misma cuando usas distintas estrategias?

Representa y dibuja

Estas son las maneras de hallar sumas que has aprendido.

Puedes contar hacia adelante.

$9 + 1 = \underline{10}$

$9 + 2 = \underline{}$

$9 + 3 = \underline{}$

$5 + 5 = \underline{10}$

$5 + 6 = \underline{}$

$5 + 4 = \underline{}$

Puedes usar dobles, dobles más 1 y dobles menos 1.

Comparte y muestra MATH BOARD

1. Contar hacia adelante 1

$4 + 1 = \underline{}$

$5 + 1 = \underline{}$

$6 + 1 = \underline{}$

$7 + 1 = \underline{}$

2. Contar hacia adelante 2

$5 + 2 = \underline{}$

$6 + 2 = \underline{}$

$7 + 2 = \underline{}$

$8 + 2 = \underline{}$

☑ 3. Contar hacia adelante 3

$6 + 3 = \underline{}$

$7 + 3 = \underline{}$

$8 + 3 = \underline{}$

$9 + 3 = \underline{}$

4. Dobles

$7 + 7 = \underline{}$

$8 + 8 = \underline{}$

$9 + 9 = \underline{}$

$10 + 10 = \underline{}$

☑ 5. Dobles más uno

$5 + 6 = \underline{}$

$6 + 7 = \underline{}$

Dobles menos uno

$8 + 7 = \underline{}$

$9 + 8 = \underline{}$

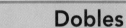

Por tu cuenta

PRÁCTICAS Y PROCESOS MATEMÁTICOS 3 **Aplica** Suma. Colorea las operaciones de dobles con ✏️. Colorea las operaciones de contar hacia adelante con ✏️. Colorea las operaciones de dobles más uno o de dobles menos uno con ✏️.

6. $9 + 9 = $ ___	7. $7 + 1 = $ ___	8. $5 + 3 = $ ___
9. $2 + 9 = $ ___	10. $7 + 3 = $ ___	11. $7 + 7 = $ ___
12. $6 + 5 = $ ___	13. $2 + 8 = $ ___	14. $8 + 8 = $ ___
15. $8 + 9 = $ ___	16. $9 + 3 = $ ___	17. $7 + 8 = $ ___

PIENSA MÁS Haz un problema de contar hacia adelante. Escribe los números que faltan.

18. Hay ____ pájaros en el árbol.

Llegan volando ____ pájaros más.
¿Cuántos pájaros hay en el árbol ahora?

____ pájaros

Matemáticas al instante

ACTIVIDAD PARA LA CASA • Pida a su niño que señale una operación de dobles, una operación de dobles más uno, una operación de dobles menos uno y una operación que resolvió contando hacia adelante. Pídale que describa cómo funciona cada estrategia.

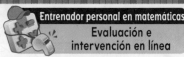

Revisión de la mitad del capítulo

Conceptos y destrezas

Suma. Cambia el orden de los sumandos.
Suma de nuevo

1.
$$8 + 4$$
□ + □ = □

2.
$$7 + 9$$
□ + □ = □

Encierra en un círculo el sumando mayor.
Cuenta hacia adelante para hallar la suma.

3.	4.	5.	6.	7.	8.
1 + 8	3 + 7	9 + 2	6 + 3	7 + 1	2 + 8

Usa dobles como ayuda para sumar.

9. $7 + 8 =$ _____

10. $6 + 7 =$ _____

11. $9 + 8 =$ _____

12. **PIENSA MÁS +** Escribe una operación de contar hacia adelante 1 que muestre una suma de 8. Luego escribe una operación de dobles que muestre una suma de 8.

Nombre _____

Practicar las estrategias

Suma. Colorea las operaciones de dobles con (|) ROJO |).
Colorea las operaciones de contar hacia adelante con (|) AZUL |).
Colorea las operaciones de dobles más uno o
de dobles menos uno con (|) AMARILLO |).

1. $8 + 8 = $ ____

2. $8 + 1 = $ ____

3. $1 + 7 = $ ____

4. $8 + 3 = $ ____

5. $5 + 5 = $ ____

6. $8 + 7 = $ ____

7. $8 + 9 = $ ____

8. $6 + 3 = $ ____

9. $6 + 6 = $ ____

Resolución de problemas

Cuenta hacia adelante en el problema.
Escribe los números que faltan.

10. Hay ____ manzanas en la bolsa. Se

ponen ____ manzanas más en la bolsa.
¿Cuántas manzanas hay en la bolsa ahora?

____ manzanas

11. **ESCRIBE** **Matemáticas** Usa dibujos o
palabras para explicar una
estrategia que usarías para
hallar $8 + 9$.

Repaso de la lección

1. ¿Qué estrategia usarías para hallar $2 + 8$?
Explica cómo tomaste esta decisión.

_____

_____

2. ¿Cuál es la suma de $9 + 9$?
Escribe el número.

_____

Repaso en espiral

3. ¿Cuál es la suma de $5 + 2$ o $2 + 5$?
¿Por qué es igual la suma?

_____

_____

4. ¿Cuántas flores hay?
Escribe el número.

3 flores   y   3 flores más   _____ flores

Nombre _____

Sumar 10 y más

Pregunta esencial ¿Cómo puedes usar un cuadro de diez para sumar 10 y algo más?

Objetivo de aprendizaje Usarás un cuadro de diez para sumar 10 y algo más.

Escucha y dibuja En el mundo

¿Cuánto es 10 + 5? Usa ⬤ ⬤ y el cuadro de diez. Haz un modelo y dibuja para resolver.

PARA EL MAESTRO • Lea el siguiente problema. Ali tiene 10 manzanas rojas en una bolsa. Tiene 5 manzanas amarillas al lado de la bolsa. ¿Cuántas manzanas tiene Ali?

Charla matemática

PRÁCTICAS Y PROCESOS MATEMÁTICOS 2

Razonamiento Explica cómo tu modelo muestra 10 + 5.

Capítulo 3

ciento sesenta y siete **167**

Puedes usar un cuadro de diez para sumar 10 + 6.

$$\begin{array}{r} 10 \\ + 6 \\ \hline 16 \end{array}$$

Colorea las fichas para mostrar 10 rojas. Colorea las fichas para mostrar 6 amarillas.

Comparte y muestra   MATH BOARD

Dibuja ● para mostrar 10. Dibuja ○ para mostrar el otro sumando. Escribe la suma.

1.
$$\begin{array}{r} 10 \\ + 3 \\ \hline \end{array}$$

2.
$$\begin{array}{r} 10 \\ + 5 \\ \hline \end{array}$$

3.
$$\begin{array}{r} 10 \\ + 1 \\ \hline \end{array}$$

4.
$$\begin{array}{r} 10 \\ + 2 \\ \hline \end{array}$$

5.
$$\begin{array}{r} 10 \\ + 4 \\ \hline \end{array}$$

6.
$$\begin{array}{r} 10 \\ + 7 \\ \hline \end{array}$$

Nombre _____

PRÁCTICAS Y PROCESOS MATEMÁTICOS ② **Representa un problema**

Dibuja ⬤ para mostrar 10. Dibuja ⬤ para mostrar el otro sumando. Escribe la suma.

7.
$$\begin{array}{r} 10 \\ +\ 8 \\ \hline \end{array}$$

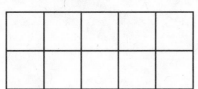

8.
$$\begin{array}{r} 10 \\ +\ 2 \\ \hline \end{array}$$

9.
$$\begin{array}{r} 10 \\ +\ 6 \\ \hline \end{array}$$

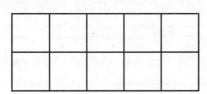

10.
$$\begin{array}{r} 10 \\ +\ 9 \\ \hline \end{array}$$

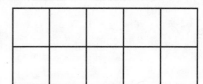

Suma.

11.
$$\begin{array}{r} 10 \\ +\ 1 \\ \hline \end{array}$$

12.
$$\begin{array}{r} 4 \\ +10 \\ \hline \end{array}$$

13.
$$\begin{array}{r} 5 \\ +10 \\ \hline \end{array}$$

14.
$$\begin{array}{r} 10 \\ +\ 3 \\ \hline \end{array}$$

15.
$$\begin{array}{r} 0 \\ +10 \\ \hline \end{array}$$

16. **PIENSA MÁS** Dibuja ⬤ para mostrar 10.
Dibuja ⬤ para mostrar el sumando que falta. Escribe el sumando que falta.

$$\begin{array}{r} 10 \\ +\ \boxed{} \\ \hline 14 \end{array}$$

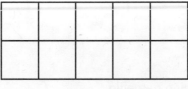

Matemáticas al instante

Resolución de problemas • Aplicaciones

MÁS AL DETALLE Dibuja 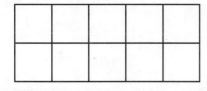 para resolver.
Escribe el enunciado de suma. Escribe
una explicación de tu modelo.

17. Marina tiene 10 crayones. Le regalan
7 crayones más. ¿Cuántos crayones
tiene ahora?

_____ + _____ = _____ crayones

_____

_ _ _ _ _ _ _ _ _ _ _ _ _ _ _

_____

_ _ _ _ _ _ _ _ _ _ _ _ _ _ _

_____

18. **PIENSA MÁS** Empareja los modelos con
los enunciados numéricos.

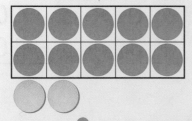 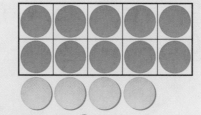 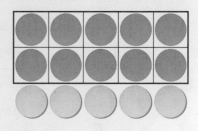

$$10 + 4 = 14 \qquad 10 + 2 = 12 \qquad 10 + 5 = 15$$

ACTIVIDAD PARA LA CASA • Pida a su niño que elija
un número entre el 1 y el 10, y que luego halle la suma
de 10 y ese número. Repita la actividad con otro número.

Sumar 10 y más

Objetivo de aprendizaje Usarás un cuadro de diez para sumar 10 y algo más.

Dibuja ⃝ rojas para mostrar 10.

Dibuja ⃝ amarillas para mostrar el otro sumando. Escribe la suma.

1.

$$\begin{array}{r} 10 \\ + \ 7 \\ \hline \end{array}$$

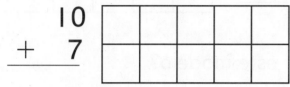

2.

$$\begin{array}{r} 10 \\ + \ 5 \\ \hline \end{array}$$

Resolución de problemas En el mundo

Dibuja ⃝ rojas y amarillas para resolver.
Escribe el enunciado de suma.

3. Linda tiene 10 carritos.
Le regalan 6 carritos más.
¿Cuántos carritos tiene
ahora?

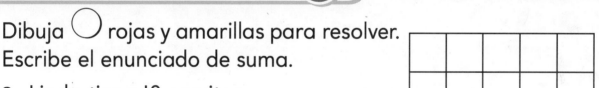

____ + ____ = ____ carritos

4. ESCRIBE Matemáticas Usa dibujos o
palabras para explicar cómo
puedes resolver 10 + 6.

Repaso de la lección

1. Dibuja más 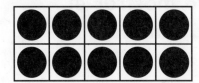 para mostrar la operación de suma. Luego resuelve.

$$\begin{array}{r} 10 \\ + \ 3 \\ \hline \end{array}$$

2. ¿Qué enunciado numérico muestra este modelo? Escribe el enunciado numérico.

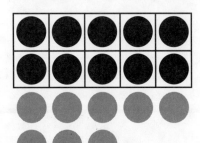

___ + ___ = ___

Repaso en espiral

3. Muestra tres maneras diferentes de formar 10. Escribe los enunciados numéricos.

10 = ___ + ___   10 = ___ + ___   10 = ___ + ___

4. Hay 3 tortugas grandes y 1 tortuga pequeña. ¿Cuántas tortugas hay? Escribe el enunciado numérico y cuántas hay.

____ tortugas

PRACTICA MÁS CON EL
Entrenador personal
en matemáticas

Nombre _____

Formar decenas para sumar

Pregunta esencial ¿Cómo usas la estrategia de formar una decena para sumar?

Objetivo de aprendizaje Usarás la estrategia de formar una decena para sumar.

Escucha y dibuja En el mundo

¿Cuánto es 9 + 6? Usa ⬤◯ y el cuadro de diez. Haz un modelo y dibuja para resolver.

Charla matemática

PRÁCTICAS Y PROCESOS MATEMÁTICOS 5

Usa herramientas ¿Por qué comienzas poniendo 9 fichas en el cuadro de diez?

 PARA EL MAESTRO • Pregunte a los niños: ¿Cuánto es 9 + 6? Pida a los niños que hagan un modelo con fichas rojas y amarillas. Luego mueva una de las 6 fichas amarillas para formar una decena.

Capítulo 3

¿Por qué muestras 8 en el cuadro de diez para hallar 4 + 8?

Coloca 8 en el cuadro de diez. Luego muestra 4 ⚪.

$$\begin{array}{r} 4 \\ + 8 \\ \hline \end{array}$$

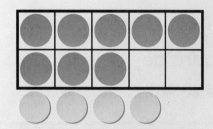

Haz un dibujo para **formar una decena**. Luego escribe la operación nueva.

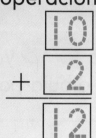 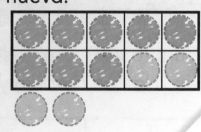

Comparte y muestra MATH BOARD

Usa ⚫⚪ y un cuadro de diez. Muestra los dos sumandos. Haz un dibujo para formar una decena. Luego escribe la operación nueva. Suma.

1.
$$\begin{array}{r} 9 \\ + 5 \\ \hline \end{array}$$

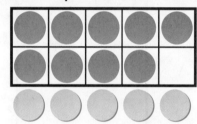

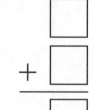

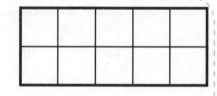

2.
$$\begin{array}{r} 4 \\ + 7 \\ \hline \end{array}$$

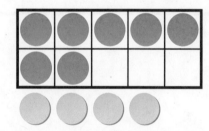

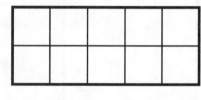

3.
$$\begin{array}{r} 9 \\ + 8 \\ \hline \end{array}$$

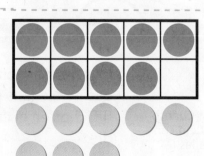

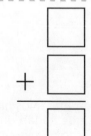

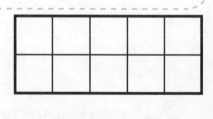

Nombre _____

PRÁCTICAS Y PROCESOS MATEMÁTICOS ⑤ **Usa un modelo concreto**

Usa 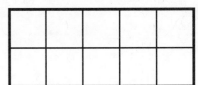 y un cuadro de diez. Muestra los dos sumandos. Haz un dibujo para formar una decena. Escribe la operación nueva y suma.

4.
$$\begin{array}{r} 5 \\ +\ 8 \\ \hline \end{array}$$

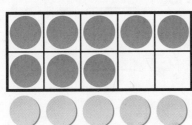

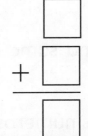

Haz un dibujo para formar una decena. Escribe el número que falta.

5. **PIENSA MÁS** Andrew ha visitado el parque estatal Cedar Hill 7 veces. Cathy ha visitado el mismo parque 9 veces. ¿Cuántas veces visitaron el parque los dos?

_____ visitas

Matemáticas al instante

6. **PIENSA MÁS** ¿Qué estrategia elegirías para resolver 7 + 8? ¿Por qué?

_____

_____

_____

_____

_____

Resolución de problemas • Aplicaciones

Resuelve.

7. 10 + 8 tiene la misma suma que 9 + ____.

8. 10 + 7 tiene la misma suma que 8 + ____.

9. 10 + 5 tiene la misma suma que 6 + ____.

10. **MÁS AL DETALLE** Escribe los números **6, 8** o **10** para completar este

enunciado. ____ + ____ tiene la misma suma que ____ + 8.

11. **PIENSA MÁS** El modelo muestra 7 + 4 = 11. Escribe una
operación con 10 que tenga la misma suma.

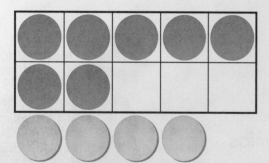

 ACTIVIDAD PARA LA CASA • Recorte 2 vasitos de un
cartón de huevos o dibuje una cuadrícula de 5 por 2 en
una hoja de papel para crear un cuadro de diez. Pida
a su niño que muestre cómo formar una decena con
objetos pequeños para resolver 8 + 3, 7 + 6 y 9 + 9.

Formar decenas para sumar

Objetivo de aprendizaje Usarás la estrategia de formar una decena para sumar.

Usa ◯ rojas y amarillas y un cuadro de diez. Muestra los dos sumandos. Haz un dibujo para formar una decena. Luego escribe la operación nueva. Suma.

I.
$$\begin{array}{r} 5 \\ +\ 7 \\ \hline \end{array}$$

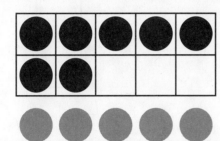

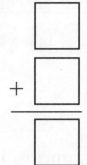

2.
$$\begin{array}{r} 9 \\ +\ 5 \\ \hline \end{array}$$

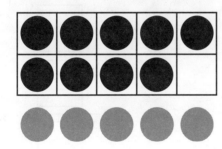

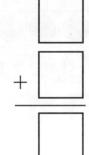

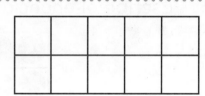

Resolución de problemas En el mundo

Resuelve.

3. 10 + 6 tiene la misma suma que 7 + ____.

4. **ESCRIBE** Matemáticas Usa dibujos o palabras para explicar cómo usarías la estrategia de formar una decena para resolver 5 + 7.

Repaso de la lección

1. ¿Qué suma muestra este modelo?
Escribe el número.

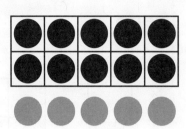

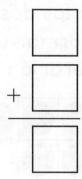

2. ¿Qué enunciado de suma muestra este modelo?
Escribe el enunciado numérico.

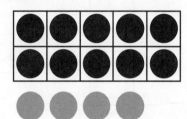

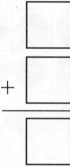

Repaso en espiral

3. ¿Cuál es la suma de 4 + 6? Escribe la suma.

_____

4. Hay 2 flores grandes y 4 flores pequeñas.
¿Cuántas flores hay? Escribe el enunciado
numérico y cuántas hay.

_____ flores

© Houghton Mifflin Harcourt Publishing Company

178 ciento setenta y ocho

Nombre _____

Usa formar una decena para sumar

Pregunta esencial ¿Cómo puedes formar una decena para ayudarte a sumar?

Objetivo de aprendizaje Usarás números para mostrar cómo el formar una decena puede ayudarte a sumar.

 Escucha y dibuja *En el mundo*   **Manos a la obra**

Haz un dibujo que muestre los sumandos. Luego haz un dibujo que muestre cómo formar una decena. Escribe la suma.

$$\begin{array}{r} 6 \\ +\ 7 \\ \hline \end{array}$$

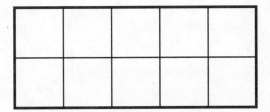

 PARA EL MAESTRO • Lea el siguiente problema. Sean tiene 6 bloques rojos y 7 bloques azules. ¿Cuántos bloques tiene? Pida a los niños que dibujen fichas en los cuadros de diez para mostrar cómo resolver formando una decena.

Charla matemática

PRÁCTICAS Y PROCESOS MATEMÁTICOS **4**

Representa Describe cómo los dibujos muestran el modo de formar una decena para resolver 6 + 7.

Capítulo 3

ciento setenta y nueve **179**

Representa y dibuja

¿Cuánto es 9 + 6?

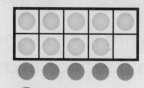 Comienza con el sumando mayor.

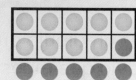 Forma una decena.

Halla la suma.

$$\frac{9}{} + \frac{1}{} + 5$$

$$\underline{10} + \underline{5} = \underline{}$$

Por lo tanto, $6 + 9 = \underline{}$.

Comparte y muestra

Muestra cómo formas una decena. Luego suma.

1. ¿Cuánto es 8 + 4?

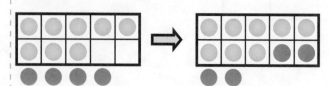

$$\underline{} + \underline{} + 2$$

$$\underline{} + \underline{} = \underline{}$$

Por lo tanto, $8 + 4 = \underline{}$.

2. ¿Cuánto es 5 + 7?

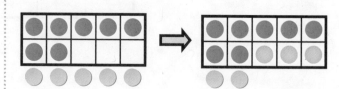

$$\underline{} + \underline{} + 2$$

$$\underline{} + \underline{} = \underline{}$$

Por lo tanto, $5 + 7 = \underline{}$.

Por tu cuenta

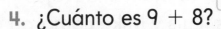

PIENSA MÁS Muestra cómo formas una decena.
Luego suma.

3. ¿Cuánto es 7 + 8?

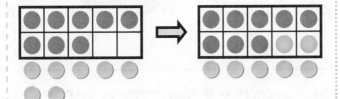

$$\underline{} + \underline{} + \underline{}$$

$$\underline{} + \underline{} = \underline{}$$

Por lo tanto, 7 + 8 = _____.

4. ¿Cuánto es 9 + 8?

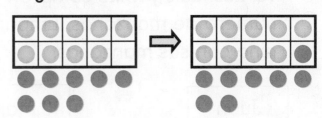

$$\underline{} + \underline{} + \underline{}$$

$$\underline{} + \underline{} = \underline{}$$

Por lo tanto, 9 + 8 = _____.

PRÁCTICAS Y PROCESOS MATEMÁTICOS ④ Usa modelos

PIENSA MÁS Usa el modelo. Muestra cómo
formas una decena. Luego suma.

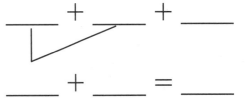

5. Joe tiene 8 pelotas verdes de arcilla.
Leah tiene 6 pelotas azules de arcilla.
¿Cuántas pelotas de arcilla tienen?

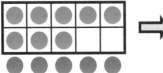 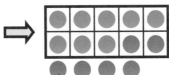

$$\underline{} + \underline{} + \underline{}$$

$$\underline{} + \underline{} = \underline{}$$

Por lo tanto, _____ + _____ = _____.

_____ pelotas de arcilla

Resolución de problemas • Aplicaciones  ESCRIBE ▸ Matemáticas

Sigue las pistas para resolver. Dibuja líneas para emparejar.

6. Juan, Luis y Mike compran manzanas. Mike compra 10 manzanas rojas y 4 manzanas verdes. Luis y Mike compran el mismo número de manzanas. Empareja a cada niño con sus manzanas.

Juan

Luis

Mike

10 manzanas rojas y 4 manzanas verdes

6 manzanas rojas y 8 manzanas verdes

8 manzanas rojas y 7 manzanas verdes

7. **MÁS AL DETALLE** Observa el Ejercicio 6. Juan come una manzana. Ahora tiene el mismo número de manzanas que Luis y Mike. ¿Cuántas manzanas rojas y verdes podría tener?

_____ manzanas rojas y _____ manzanas verdes

8. **PIENSA MÁS** ¿Muestra la suma la manera de formar una decena para sumar? Elige Sí o No.

$8 + 2 + 2$	○ Sí	○ No
$5 + 4 + 3$	○ Sí	○ No
$6 + 7 + 3$	○ Sí	○ No

Formar una decena para sumar

Objetivo de aprendizaje Usarás números para mostrar cómo el formar una decena te ayuda a sumar.

Muestra cómo formas una decena. Luego suma.

1. ¿Cuánto es 9 + 7?

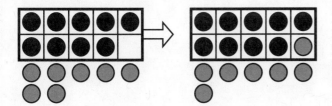

___ + ___ + ___

___ + ___ = ___

Por lo tanto, 9 + 7 = ___.

2. ¿Cuánto es 5 + 8?

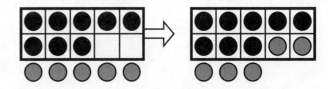

___ + ___ + ___

___ + ___ = ___

Por lo tanto, 5 + 8 = ___.

Resolución de problemas En el mundo

Usa las pistas para resolver.
Empareja trazando líneas.

3. Ann come 10 uvas verdes y 6 uvas rojas. Gia come el mismo número de uvas que Ann. Empareja a cada persona con sus uvas.

Ann		7 uvas verdes y 9 uvas rojas
Gia		10 uvas verdes y 6 uvas rojas

4. ESCRIBE Matemáticas Dibuja para explicar cómo formarías una decena para hallar 5 + 8.

Repaso de la lección

1. Forma una decena para
   hallar 8 + 4.

   Escribe el enunciado numérico.

   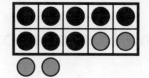

   ___ + ___ + ___ = ___

Repaso en espiral

2. ¿Cuál es la diferencia?
   Completa el enunciado de resta.

   $$\begin{array}{r} 5 \\ -\ 5 \\ \hline \end{array}$$

3. ¿Cuál es la diferencia?

   Escribe la diferencia.

   $$\begin{array}{r} 8 \\ -\ 2 \\ \hline \end{array}$$

PRACTICA MÁS CON EL
Entrenador personal
en matemáticas

Álgebra • Sumar 3 números

Pregunta esencial ¿Cómo puedes sumar tres sumandos?

Objetivo de aprendizaje Usarás un modelo para sumar tres sumandos.

Escucha y dibuja En el mundo

Usa para hacer un modelo del problema.
Haz un dibujo que muestre tu trabajo.

_____ pájaros

PARA EL MAESTRO • Lea el siguiente problema. Kelly ve 7 aves. Bruno ve 2 aves. Joe ve 3 aves. ¿Cuántas aves vieron los tres?

Charla matemática
PRÁCTICAS Y PROCESOS MATEMÁTICOS 3

Aplica ¿Qué dos sumandos sumaste primero?

Puedes cambiar qué dos sumandos sumas primero. La suma siempre es la misma.

$2 + 3 + 1 = \underline{}$

Suma 2 y 3. Luego suma 1.

$\underline{5} + \underline{1} = \underline{6}$

Suma 3 y 1. Luego suma 2.

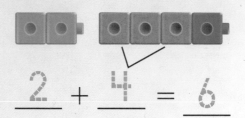

$\underline{2} + \underline{4} = \underline{6}$

Comparte y muestra MATH BOARD

Usa ▣▣▣ para cambiar qué dos sumandos sumas primero. Completa los enunciados de suma.

✓1. $5 + 2 + 3 = \underline{}$

$\underline{} + \underline{} = \underline{}$

$\underline{} + \underline{} = \underline{}$

✓2. $3 + 4 + 6 = \underline{}$

$\underline{} + \underline{} = \underline{}$

$\underline{} + \underline{} = \underline{}$

Por tu cuenta

PRÁCTICAS Y PROCESOS MATEMÁTICOS ③ **Compara modelos**

Observa los 🟦🟦🟦. Completa los enunciados de
suma mostrando dos maneras de hallar la suma.

3. 7 + 3 + 1 = _____

___ + ___ = ___   ___ + ___ = ___

4. 3 + 6 + 3 = _____

___ + ___ = ___   ___ + ___ = ___

MÁS AL DETALLE Resuelve de las dos maneras.

5. 2 + 3 + 7 = ___   2 + 3 + 7 = ___

___ + ___ = ___   ___ + ___ = ___

6. **PIENSA MÁS** Usé 🟦🟦🟦
para hacer un modelo
de 3 sumandos. Usa mi
modelo. Escribe los
3 sumandos.

Mi modelo

___ + ___ + ___ = 7

Resolución de problemas • Aplicaciones

7. **PIENSA MÁS** Elige tres números del 1 al 6. Escribe los números en un enunciado de suma. Muestra dos maneras de hallar la suma.

8. **PIENSA MÁS** Escribe cada enunciado de suma en la columna que muestra la suma.

| 2 + 2 + 8 | 5 + 3 + 5 | 6 + 0 + 6 | 4 + 4 + 5 |

12	13

ACTIVIDAD PARA LA CASA • Pida a su niño que haga un dibujo que muestre dos maneras de sumar los números 2, 4 y 6.

Álgebra • Sumar 3 números

Objetivo de aprendizaje Usarás un modelo para sumar tres sumandos.

Observa los   . Completa los enunciados de suma mostrando dos maneras de hallar la suma.

1. $5 + 4 + 2 =$ ___

___ + ___ = ___   ___ + ___ = ___

Resolución de problemas

2. Elige tres números del 1 al 6.
   Escribe los números en un enunciado de suma.
   Muestra dos maneras de hallar la suma.

3. ESCRIBE · Matemáticas Usa dibujos o palabras para explicar cómo puedes hallar la suma de $3 + 5 + 2$.

Repaso de la lección

1. ¿Cuál es la suma de 3 + 4 + 2?
Escribe la suma.

_____

....

2. ¿Cuál es la suma de 5 + 1 + 4?
Escribe la suma.

_____

....

Repaso en espiral

3. ¿Cuál es la suma de 3 y 7?

$$\begin{array}{r} 3 \\ + 7 \\ \hline \end{array}$$

....

4. Hay 4 vacas en el establo. Llegan
2 vacas más. ¿Cuántas vacas hay
en el establo ahora?

4	2

_____

Completa el modelo y el enunciado numérico.

_____ vacas   4 + 2 = _____

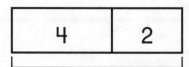

Nombre _____

Álgebra • Sumar 3 números

Pregunta esencial ¿Cómo puedes agrupar los números para sumar tres sumandos?

Objetivo de aprendizaje Comprenderás cómo agrupar los números para sumar tres sumandos.

Escucha y dibuja *En el mundo*

Escucha el problema. Muestra dos maneras de agrupar y sumar los números.

| 3 | 6 | 3 |

PARA EL MAESTRO • Lea el siguiente problema. Hay 3 niños en una mesa. Hay 6 niños en otra mesa. Hay 3 niños en la fila. ¿Cuántos niños hay?

Charla matemática

PRÁCTICAS Y PROCESOS MATEMÁTICOS 3

Aplica Describe las dos maneras en que agrupaste los números para sumarlos.

Puedes agrupar los sumandos en cualquier orden y en diferentes maneras para hallar la suma.

Suma 8 y 2 para formar una decena como estrategia. Luego suma 10 y 6.

Suma 6 y 2 para contar hacia adelante como estrategia. Luego suma los dobles 8 y 8.

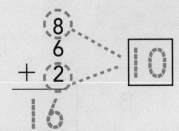

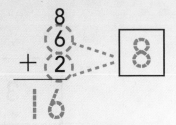

Comparte y muestra

Elige una estrategia. Encierra en un círculo los dos sumandos que sumarás primero. Escribe la suma. Luego halla la suma total.
Luego usa otra estrategia y suma de nuevo.

PIENSA
Cuenta hacia adelante, usa dobles, dobles más uno, dobles menos uno o forma una decena para sumar.

1.
$$\begin{array}{r} 6 \\ 4 \\ +2 \\ \hline \end{array} \quad \square \qquad \begin{array}{r} 6 \\ 4 \\ +2 \\ \hline \end{array} \quad \square$$

2.
$$\begin{array}{r} 3 \\ 4 \\ +4 \\ \hline \end{array} \quad \square \qquad \begin{array}{r} 3 \\ 4 \\ +4 \\ \hline \end{array} \quad \square$$

3.
$$\begin{array}{r} 2 \\ 5 \\ +0 \\ \hline \end{array} \quad \square \qquad \begin{array}{r} 2 \\ 5 \\ +0 \\ \hline \end{array} \quad \square$$

4.
$$\begin{array}{r} 5 \\ 4 \\ +5 \\ \hline \end{array} \quad \square \qquad \begin{array}{r} 5 \\ 4 \\ +5 \\ \hline \end{array} \quad \square$$

Nombre _____

PRÁCTICAS Y PROCESOS MATEMÁTICOS ⑧ **Usa el razonamiento repetitivo**

Elige una estrategia. Encierra en un círculo los dos sumandos que sumarás primero. Escribe la suma.

5.
$$\begin{array}{r} 8 \\ 2 \\ +2 \\ \hline \end{array}$$

6.
$$\begin{array}{r} 6 \\ 0 \\ +8 \\ \hline \end{array}$$

7.
$$\begin{array}{r} 3 \\ 4 \\ +6 \\ \hline \end{array}$$

8.
$$\begin{array}{r} 2 \\ 3 \\ +7 \\ \hline \end{array}$$

9.
$$\begin{array}{r} 7 \\ 7 \\ +2 \\ \hline \end{array}$$

10.
$$\begin{array}{r} 1 \\ 9 \\ +1 \\ \hline \end{array}$$

11.
$$\begin{array}{r} 5 \\ 4 \\ +4 \\ \hline \end{array}$$

12.
$$\begin{array}{r} 5 \\ 5 \\ +5 \\ \hline \end{array}$$

13. **PIENSA MÁS** Susan tiene 7 conchas. Kai tiene 3 conchas. Zach tiene 5. ¿Cuántas conchas tienen?

___ + ___ + ___ = ___ conchas

PIENSA MÁS Escribe los sumandos que faltan. Suma.

14.
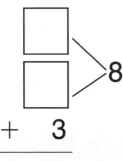

15.
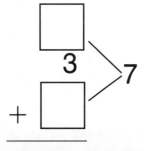

Resolución de problemas • Aplicaciones

ESCRIBE Matemáticas

Haz un dibujo. Escribe el enunciado numérico.

16. María tiene 3 gatos. Jim tiene 2 gatos. Cheryl tiene 5 gatos. ¿Cuántos gatos tienen los tres?

___ + ___ + ___ = ___ gatos

17. Tony ve 5 tortugas pequeñas.
Ve 0 tortugas medianas.
Ve 4 tortugas grandes.
¿Cuántas tortugas ve en total?

___ + ___ + ___ = ___ tortugas

18. MÁS AL DETALLE Kathy ve 13 peces en la pecera. Hay 6 peces dorados. El resto son azules o rojos. ¿Cuántos tipos de cada uno podría ver?

___ + ___ + 6 = 13 peces

19. PIENSA MÁS Escribe dos maneras de agrupar y sumar 2 + 3 + 4.

___ + ___ = ___   ___ + ___ = ___

ACTIVIDAD PARA LA CASA • Pida a su niño que observe el Ejercicio 18. Pida a su niño que le explique cómo decidió qué números usar. Pídale que le diga dos números nuevos que podrían funcionar.

Álgebra • Sumar 3 números

Objetivo de aprendizaje Comprenderás cómo agrupar números para sumar tres sumandos.

Elige una estrategia.
Encierra en un círculo los dos
sumandos que sumarás primero.
Escribe la suma.

1.
$$\begin{array}{r} 7 \\ 3 \\ +\,3 \\ \hline \end{array}$$

2.
$$\begin{array}{r} 2 \\ 2 \\ +\,6 \\ \hline \end{array}$$

3.
$$\begin{array}{r} 6 \\ 6 \\ +\,3 \\ \hline \end{array}$$

4.
$$\begin{array}{r} 2 \\ 0 \\ +\,8 \\ \hline \end{array}$$

Resolución de problemas

Haz un dibujo. Escribe el enunciado numérico.

5. Dany tiene 4 perros negros.
   Tim tiene 3 perros pequeños.
   Sue tiene 3 perros grandes.
   ¿Cuántos perros tienen los tres?

   ____ + ____ + ____ = ____ perros

6. **ESCRIBE** Matemáticas Usa dibujos o palabras para explicar cómo hallarías $6 + 4 + 4$.

Repaso de la lección

I. ¿Cuál es la suma de 4 + 4 + 2?

_____

2. Encierra en un círculo dos sumandos para sumarlos primero. Halla la suma. Explica tu estrategia.

$$
\begin{array}{r}
7 \\
3 \\
+\ 2 \\
\end{array}
$$

_____

_____

Repaso en espiral

3. Escribe una operación de dobles más uno para la suma de 7.

____ + ____ = ____

4. ¿Qué enunciado de suma muestra este modelo? Escribe el enunciado numérico.

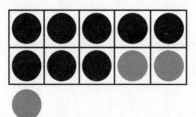

____ + ____ = ____

PRACTICA MÁS CON EL
Entrenador personal en matemáticas

Resolución de problemas •
Usar las estrategias de suma

Pregunta esencial ¿Cómo resuelves problemas de suma haciendo un dibujo?

Objetivo de aprendizaje Usarás la estrategia de *hacer un dibujo* para resolver problemas de suma del mundo real.

Megan pone 8 peces en la pecera. Tess pone 2 peces más. Luego Bob pone 3 peces más. ¿Cuántos peces hay en la pecera ahora?

Soluciona el problema *En el mundo*

¿Qué debo hallar?

cuántos **peces**

hay en la pecera

¿Qué información debo usar?

Megan pone **8** peces.

Tess pone **2** peces.

Bob pone **3** peces.

Muestra cómo resolver el problema.

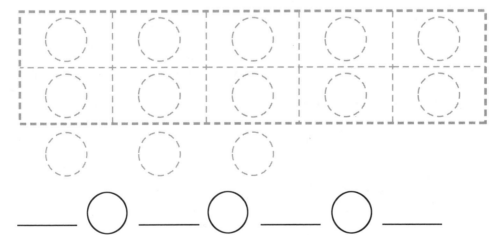

_____ peces

NOTA A LA FAMILIA • Su niño continuará usando esta tabla durante el año como ayuda para solucionar problemas. En esta lección, su niño aplicó la estrategia de hacer un dibujo para resolver problemas.

Haz un dibujo para resolver.

I. Mark tiene 9 carritos verdes.
Tiene 1 carrito amarillo.
También tiene 5 carritos azules.
¿Cuántos carritos tiene?

_____ ◯ _____ ◯ _____ ◯ _____

_____ carritos

Razonamiento Explica por qué formar una decena te ayuda a resolver el problema.

PRÁCTICAS Y PROCESOS MATEMÁTICOS 2

Comparte y muestra

PRÁCTICAS Y PROCESOS MATEMÁTICOS ④ **Escribe una ecuación**
Haz un dibujo para resolver.

2. Ken pone 5 canicas en un frasco. Lou pone 0 canicas. Mae pone 5 canicas. ¿Cuántas canicas hay en el frasco?

____ ◯ ____ ◯ ____ ◯ ____   _____ canicas

3. Ava tiene 3 cometas. Lexi tiene 3 cometas. Fred tiene 5 cometas. ¿Cuántas cometas tienen los tres?

____ ◯ ____ ◯ ____ ◯ ____   _____ cometas

✓ 4. Al saca 8 libros de la biblioteca. Ryan saca 7 libros. Dee saca 1 libro. ¿Cuántos libros tienen los tres?

____ ◯ ____ ◯ ____ ◯ ____   _____ libros

✓ 5. Peter envía 4 cartas. Luego envía 3 cartas más. Más tarde envía 2 cartas más. ¿Cuántas cartas envió Peter?

Querida Jane:
Me voy a México y volaré en un avión.

_____ cartas

Por tu cuenta

ESCRIBE ▸ Matemáticas

Resuelve. Escribe o haz un dibujo que muestre tu trabajo.

6. Kevin tiene 8 tarjetas de béisbol. Compra 2 tarjetas más. Su amigo le regala 5. ¿Cuántas tarjetas de béisbol tiene?

_____ tarjetas de béisbol

7. Hay 14 lápices en total. Haley tiene 6 lápices. Mac tiene 4 lápices. Sid tiene algunos lápices. ¿Cuántos lápices tiene Sid?

_____ lápices

8. MÁS AL DETALLE Hay 12 canicas en una bolsa. Shelly saca 3 canicas. Dany pone 4. ¿Cuántas canicas hay en la bolsa ahora?

_____ canicas

9. PIENSA MÁS Eric tiene 4 lápices. Sandy le da 3 lápices a Eric. Tracy le da 5 lápices más a Eric. ¿Cuántos lápices tiene Eric en total?

Eric tiene ☐ lápices en total.

ACTIVIDAD PARA LA CASA • Pida a su niño que observe el Ejercicio 8 y que diga cómo halló la respuesta.

Resolución de problemas • Usar las estrategias de suma

Objetivo de aprendizaje Usarás la estrategia de *hacer un dibujo* para resolver problemas de suma del mundo real.

Haz un dibujo para resolver.

1. Franco tiene 5 crayones. Le regalan 8 crayones más. Luego le regalan 2 crayones más. ¿Cuántos crayones tiene ahora?

____ ◯ ____ ◯ ____ ◯ ____   ____ crayones

2. Jackson tiene 6 bloques. Le regalan 5 bloques más. Luego le regalan 3 bloques más. ¿Cuántos bloques tiene ahora?

____ ◯ ____ ◯ ____ ◯ ____   ____ bloques

3. Avni tiene 7 regalos. Recibe 2 regalos más. Luego recibe 3 regalos más. ¿Cuántos regalos tiene Avni ahora?

____ ◯ ____ ◯ ____ ◯ ____   ____ regalos

4. ESCRIBE ✏ **Matemáticas** Haz un dibujo para mostrar cómo resolverías este problema. Jeb tiene 4 rocas grandes, 4 rocas medianas y 7 rocas pequeñas. ¿Cuántas rocas tiene Jeb?

Repaso de la lección

1. Lila tiene 3 piedras grises.
   Tiene 4 piedras negras.
   También tiene 7 piedras blancas.
   ¿Cuántas piedras tiene?

   Escribe el enunciado numérico.

   _____ piedras   ___ ◯ ___ ◯ ___ ◯ ___

2. Patrick tiene 3 adhesivos rojos, 6 adhesivos
   rosados y 8 adhesivos verdes.
   ¿Cuántos adhesivos tiene Patrick?

   Escribe el enunciado numérico.

   _____ adhesivos   ___ ◯ ___ ◯ ___ ◯ ___

Repaso en espiral

3. ¿Cuál es la suma de 2 + 4 o 4 + 2? Escribe el número.

   _____

4. Hay 6 bolígrafos negros.
   Hay 3 bolígrafos azules.
   ¿Cuántos bolígrafos hay?

   Escribe el número.

   _____ bolígrafos   ___ ◯ ___ ◯ ___

PRACTICA MÁS CON EL
**Entrenador personal
en matemáticas**

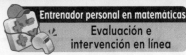

✓ Repaso y prueba del Capítulo 3

I. Escribe los sumandos en orden diferente.

$$5 + 4 = 9$$

_____ + _____ = _____

---

2. Cuenta hacia adelante 4. Escribe el número que muestra 1 más.

_____

---

3. Los cubos muestran una operación con dobles. Elige la operación de dobles y la suma.

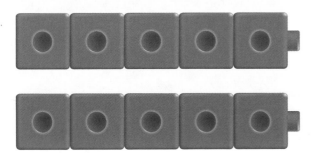

_____ + $\boxed{\begin{matrix} 5 \\ 6 \end{matrix}}$ = $\boxed{\begin{matrix} 9 \\ 10 \end{matrix}}$

Opciones de evaluación
Prueba del capítulo

4. PIENSA MÁS + Hay 3 hojas rojas. Hay 4 hojas amarillas. ¿Cuántas hojas hay en total?

Usa los dobles para sumar. Escribe los números que faltan.

$3 + 4 = \boxed{} + \boxed{} + \boxed{}$

Por lo tanto, $3 + 4 = \boxed{}$

5. Selecciona todas las operaciones de dobles que te pueden ayudar a resolver $8 + 7$.

○ $4 + 4 = 8$

○ $7 + 7 = 14$

○ $8 + 8 = 16$

---

6. MÁS AL DETALLE Escribe una operación de contar hacia adelante 2 que muestre una suma de 10.

Luego escribe una operación de dobles que muestre un total de 10.

$\boxed{} + \boxed{} = \boxed{}$

$\boxed{} + \boxed{} = \boxed{}$

7. Empareja los modelos con los enunciados numéricos.

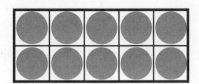 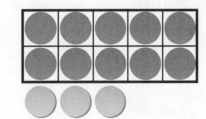 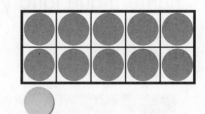

• • •

• • •

$10 + 3 = 13$ $10 + 1 = 11$ $10 + 0 = 10$

---

8. El modelo muestra $8 + 5 = 13$.

Escribe una operación con 10 que tenga la misma suma.

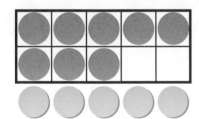

☐ + ☐ = ☐

---

9. ¿Muestra la suma cómo formar una decena para sumar? Elige Sí o No.

$7 + 3 + 2$ ○ Sí   ○ No

$7 + 5 + 5$ ○ Sí   ○ No

$5 + 4 + 7$ ○ Sí   ○ No

10. Observa los 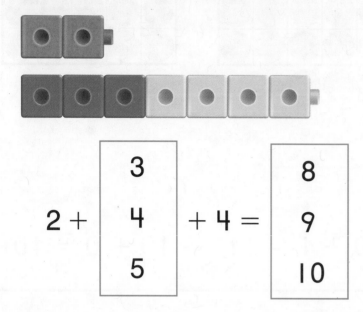. Completa el enunciado de suma para que muestre la suma. Elige el número que falta y la suma.

$$2 + \begin{array}{c} 3 \\ 4 \\ 5 \end{array} + 4 = \begin{array}{c} 8 \\ 9 \\ 10 \end{array}$$

---

11. Escribe dos formas de agrupar y sumar 4 + 2 + 5.

_____ + _____ = _____

_____ + _____ = _____

---

12. Beth ve 4 aves rojas. Ve 2 aves amarillas. Ve 4 aves azules. Dibuja las aves.

Beth ve ☐ aves.

Estrategias de resta

Aprendo más con

Jorge el Curioso

Hay seis pollitos en la cerca. Dos pollitos se fueron saltando. ¿Cuántos pollitos quedan?

✓ Muestra lo que sabes

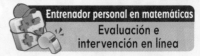
Entrenador personal en matemáticas
Evaluación e
intervención en línea

Representa la resta

Usa para mostrar cada número.
Quita algunos. Escribe cuántos quedan.

1.

    quítale 2 a 5

    _____

    _____

2.

    quítale 1 a 3

    _____

    _____

Usa los signos para restar

Mira la ilustración. Escribe el enunciado de resta.

3.

    ___ ◯ ___ ◯ ___

4.

    ___ ◯ ___ ◯ ___

Resta todo o cero

Escribe cuántos quedan.

5.

    3 − 0 = ___

6.

    4 − 4 = ___

Esta página es para verificar la comprensión de las destrezas
importantes que se necesitan para tener éxito en el Capítulo 4.

Desarrollo del vocabulario

Palabras de repaso

diferencia
restar
enunciado de resta
quitar

Visualízalo

Completa la tabla.

Marca cada fila con una ✔.

Palabra	La conozco	Suena conocida	No la conozco
diferencia			
restar			
enunciado de resta			
quitar			

Comprende el vocabulario

Completa los enunciados con las palabras de repaso.

1. Tres es la _____ de 5 − 2 = 3.

2. 7 − 4 = 3 es un _____.

3. Para resolver 5 − 1, debes _____.

4. Le puedes _____ 2 ◯ a 6 ◯.

• Libro interactivo del estudiante
• Glosario multimedia

Juego

Bajo el mar

Materiales • 🧍🧍 • (1—2) • 12 📷

Juega con un compañero. Túrnense.

1 Coloca tu 🧍 en la SALIDA.

2 Haz girar la (1—2). Muévete esa cantidad de casillas.

3 Haz girar la rueda de nuevo.

Resta ese número. Verifica que está en la casilla del tablero.

4 Usa 📷 para verificar tu resultado. Si no es correcto, pierdes un turno.

5 Gana el primer jugador que alcance la LLEGADA.

SALIDA

4   6   8   5   10   9

Adelanta 1 casilla.

8   9   Regresa 1 casilla.   7   10   Adelanta 2 casillas.   7

5

10   Regresa 1 casilla.   9   5   Adelanta 1 casilla.   4   6

8

LLEGADA   Regresa 1 casilla.   4   5   Regresa 1 casilla.   4   5

Vocabulario del Capítulo 4

contar hacia atrás

count back

8

diferencia

difference

16

enunciado de resta

subtraction sentence

23

enunciado de suma

addition sentence

24

restar

subtract

52

suma

sum

53

sumando

addend

54

sumar

add

55

$9 - 4 = 5$

La **diferencia** es 5.

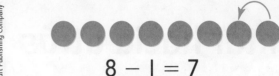

$8 - 1 = 7$

Comienza en 8.

Cuenta hacia atrás I.

Estás en 7.

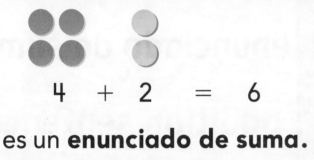

$4 \quad + \quad 2 \quad = \quad 6$

es un **enunciado de suma.**

$9 - 5 = 4$

es un **enunciado de resta.**

2 más I es igual a 3.

La **suma** es 3.

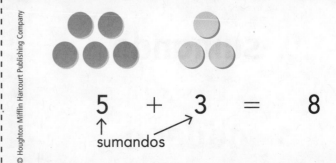

$5 - 2 = 3$

$3 + 2 = 5$

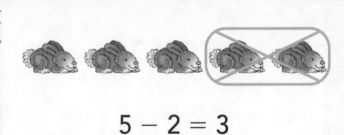

$5 \quad + \quad 3 \quad = \quad 8$

↑
sumandos

Imagínalo

Materiales
cronómetro

Instrucciones
Juega con otros compañeros.

1. Selecciona una palabra secreta del Recuadro de palabras. No la digas a los demás jugadores.
2. Configura el cronómetro.
3. Dibuja para mostrar pistas de la palabra secreta.
4. El primer jugador en adivinar la palabra antes de que se termine el tiempo obtiene 1 punto.
5. Tomen turnos.
6. El primer jugador en juntar 5 puntos es el ganador.

Escríbelo

Reflexiona

Selecciona una idea. Dibuja y escribe sobre ella.

- Escribe enunciados que usen dos de estas palabras de matemáticas.

  restar   diferencia   contar hacia atrás   enunciado de resta

- MiWon necesita resolver este problema:

$$11 - 7 = \underline{\hspace{2cm}}$$

  Di dos maneras que MiWon podría resolverlo.

Nombre _____

Contar hacia atrás

Pregunta esencial ¿Cómo puedes contar hacia atrás 1, 2 o 3?

Objetivo de aprendizaje Contarás hacia atrás 1, 2 o 3 para restar.

Escucha y dibuja

Comienza en el 9. Cuenta hacia atrás para hallar la diferencia.

8   9

9 – 1 = ___

7   8   9

9 – 2 = ___

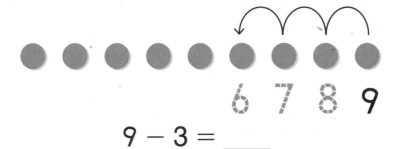

6   7   8   9

9 – 3 = ___

PARA EL MAESTRO • Pregunte a los niños: ¿Cuánto es 9 – 1? Pida a los niños que usen las fichas de la sección de arriba para contar hacia atrás 1 desde 9. Repita lo mismo con las demás secciones, pidiendo a los niños que cuenten hacia atrás 2 y luego 3 desde 9 para resolver los enunciados de resta.

Charla matemática

PRÁCTICAS Y PROCESOS MATEMÁTICOS   2

Razonamiento ¿Por qué cuentas hacia atrás para hallar la diferencia?

Puedes **contar hacia atrás**
para restar.

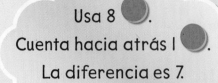

Usa 8 ⬤.
Cuenta hacia atrás 1 ⬤.
La diferencia es 7.

7 8

$$8 - 1 = \underline{7}$$

Comparte y muestra | MATH BOARD

Usa .
Cuenta hacia atrás 1, 2 o 3 para restar.
Escribe la diferencia.

1. $5 - 1 = \underline{\quad}$

2. $\underline{\quad} = 5 - 2$

3. $6 - 1 = \underline{\quad}$

4. $\underline{\quad} = 6 - 3$

5. $7 - 2 = \underline{\quad}$

6. $\underline{\quad} = 7 - 3$

7. $10 - 1 = \underline{\quad}$

8. $\underline{\quad} = 10 - 2$

9. $12 - 3 = \underline{\quad}$

10. $\underline{\quad} = 8 - 2$

11. $4 - 3 = \underline{\quad}$

12. $\underline{\quad} = 9 - 1$

Por tu cuenta

PRÁCTICAS Y PROCESOS MATEMÁTICOS 6 **Presta atención a la precisión** Cuenta hacia atrás 1, 2 o 3. Escribe la diferencia.

13. $9 - 3 =$ ___

14. ___ $= 5 - 3$

15. $6 - 3 =$ ___

16. $7 - 2 =$ ___

17. ___ $= 10 - 1$

18. $8 - 1 =$ ___

19. $5 - 2 =$ ___

20. ___ $= 8 - 3$

21. $11 - 3 =$ ___

22. **PIENSA MÁS** Jaime tiene 6 zanahorias en su plato. Se come 2. ¿Cuántas zanahorias hay en su plato ahora?

___ $-$ ___ $=$ ___ zanahorias

23. **MÁS AL DETALLE** Hay 12 flores en el jardín de Sasha. Ella recoge 3 flores para su papá. Luego recoge 2 para su mamá. ¿Cuántas flores hay ahora en el jardín?

___ $-$ ___ $=$ ___

___ $-$ ___ $=$ ___ flores

24. **PIENSA MÁS** Alex restó 3 de 10. ¿Qué enunciado de resta podría escribir?

Resolución de problemas • Aplicaciones (En el mundo) ESCRIBE Matemáticas

Escribe un enunciado de resta para resolver.

25. MÁS AL DETALLE Carlos tiene 11 vagones.
Puso 2 vagones en la vía.
¿Cuántos vagones quedan
fuera de la vía?

_____ − _____ = _____ vagones

Luego Carlos puso 1 vagón más en la vía.
¿Cuántos vagones quedan fuera de la vía
ahora?

_____ − _____ = _____ vagones

26. Sofía tiene 8 gomas de borrar. Le da
2 a Ben. ¿Cuántas gomas de
borrar tiene Sofía ahora?

_____ − _____ = _____ gomas de borrar

27. PIENSA MÁS Escribe el número que indica 1 menos.

$$9 - 1 = \boxed{}$$

 ACTIVIDAD PARA LA CASA • Pida a su niño que
muestre cómo usar la estrategia de contar hacia atrás
para hallar la diferencia de 7 − 2. Repita la actividad
con otros problemas de contar hacia atrás 1, 2 o 3
desde 12 o menos.

Contar hacia atrás

Objetivo de aprendizaje Contarás hacia atrás 1, 2 o 3 para restar.

Cuenta hacia atrás 1, 2 o 3. Escribe la diferencia.

1. ___ $= 7 - 3$

2. $8 - 3 =$ ___

3. $4 - 3 =$ ___

4. ___ $= 9 - 1$

5. ___ $= 7 - 1$

6. ___ $= 6 - 2$

7. $6 - 1 =$ ___

8. $5 - 3 =$ ___

9. ___ $= 11 - 3$

10. $5 - 2 =$ ___

11. $10 - 2 =$ ___

12. ___ $= 10 - 3$

13. ___ $= 9 - 3$

14. $4 - 2 =$ ___

15. ___ $= 7 - 2$

Resolución de problemas

Escribe un enunciado de resta para resolver.

16. Tina tiene 12 lápices. Regala 3 lápices. ¿Cuántos lápices le quedan?

___ – ___ = ___

___ lápices

17. **ESCRIBE** Matemáticas Usa dibujos o palabras para explicar cómo puedes resolver $7 - 3$ contando hacia atrás.

Repaso de la lección

1. Cuenta hacia atrás 3. ¿Cuál es la diferencia?
Escribe el número.

$$\underline{} = 10 - 3$$

2. Cuenta hacia atrás 2. ¿Cuál es la diferencia?
Escribe el número.

$$7 - 2 = \underline{}$$

Repaso en espiral

3. Escribe una operación de dobles para resolver. Kai tiene 14 canicas. Algunas son azules y otras son amarillas. El número de canicas azules es igual al número de canicas amarillas.

$$\underline{} = \underline{} + \underline{}$$

4. Haz un dibujo para hallar la suma. Escribe el enunciado numérico. Hay 4 perros grandes y 3 perros pequeños. ¿Cuántos perros hay?

$$\underline{} + \underline{} = \underline{}$$

PRACTICA MÁS CON EL
Entrenador personal en matemáticas

Nombre _____

Pensar en la suma para restar

Pregunta esencial ¿Cómo usamos una operación de suma para hallar el resultado de una operación de resta?

Objetivo de aprendizaje Usarás operaciones de suma para hallar el resultado de operaciones de resta.

Escucha y dibuja

Usa 🟦 para hacer un modelo del problema.
Dibuja 🟦 para mostrar tu trabajo.

¿Cuánto es
12 − 5?

5 + ___ = 12

12 − 5 = ___

PARA EL MAESTRO • Lea los siguientes problemas. Joey tenía 5 cubos. Sara le dio más cubos. Ahora Joey tiene 12 cubos. ¿Cuántos cubos le dio Sara? Pida a los niños que utilicen el espacio de arriba para resolver el problema. Luego pídales que resuelvan este problema: Joey tenía 12 cubos. Le dio 5 cubos a Sara. ¿Cuántos cubos tiene Joey ahora?

 Charla matemática

PRÁCTICAS Y PROCESOS MATEMÁTICOS 7

Busca estructuras
Explica cómo 5 + 7 = 12 te sirve para hallar 12 − 5.

Capítulo 4

¿Cuánto es 9 − 4?

Piensa

$$4 + \underline{?} = 9$$

Piensa $\quad 4 + \underline{5} = 9 \qquad$ Por lo tanto, $\quad 9 − 4 = \underline{5}$

Comparte y muestra MATH BOARD

Usa  para sumar y restar.

1. ¿Cuánto es 8 − 6?

Piensa $\quad 6 + \underline{} = 8$

Por lo tanto, $\quad 8 − 6 = \underline{}$

2. ¿Cuánto es 8 − 4?

Piensa $\quad 4 + \underline{} = 8$

Por lo tanto, $\quad 8 − 4 = \underline{}$

3. ¿Cuánto es 10 − 4?

Piensa $\quad 4 + \underline{} = 10$

Por lo tanto, $\quad 10 − 4 = \underline{}$

4. ¿Cuánto es 12 − 6?

Piensa $\quad 6 + \underline{} = 12$

Por lo tanto, $\quad 12 − 6 = \underline{}$

Por tu cuenta

PRÁCTICAS Y PROCESOS MATEMÁTICOS ④ **Haz un modelo de matemáticas**

Usa 🟦-🟥 para sumar y restar.

5.   8
   − 3
   ———
   ?

Piensa

    3
   +☐
   ———
    8

Por lo tanto,

    8
   − 3

6.   9
   − 5
   ———
   ?

Piensa

    5
   +☐
   ———
    9

Por lo tanto,

    9
   − 5

7.   12
   − 7
   ———
   ?

Piensa

    7
   +☐
   ———
    12

Por lo tanto,

    12
   − 7

8. **PIENSA MÁS** Carol sabe usar los enunciados de suma para escribir enunciados de resta. Escribe un enunciado de resta que Carol pueda resolver con $6 + 8 = 14$.

Matemáticas al instante

9. Escribe un enunciado de suma que le sirva a Carol para resolver $13 − 9$.

Resolución de problemas • Aplicaciones  ESCRIBE Matemáticas

Escribe un enunciado numérico para resolver.

10. Hay 14 gatos. Siete son negros. Los demás son amarillos. ¿Cuántos gatos amarillos hay?

___ ◯ ___ ◯ ___

_____ gatos amarillos

11. Tenía unos lápices. Regalé 4 lápices. Ahora tengo 2 lápices. ¿Cuántos lápices tenía al comienzo?

___ ◯ ___ ◯ ___

_____ lápices

12. MÁS AL DETALLE Sarah tiene 8 flores menos que Ann. Ann tiene 16 flores. ¿Cuántas flores tiene Sarah?

___ ◯ ___ ◯ ___

_____ flores

13. PIENSA MÁS Observa las operaciones. Escribe el número que falta en cada una.

$$5 + \boxed{} = 12$$

$$12 - 5 = \boxed{}$$

 ACTIVIDAD PARA LA CASA • Escriba 5 + 4 = ___ y pida a su niño que escriba la suma. Pídale que explique cómo usó 5 + 4 = 9 para resolver ___ − 4 = 5 y que luego escriba el resultado.

Pensar en la suma para restar

Objetivo de aprendizaje Usarás operaciones de suma para hallar el resultado de operaciones de resta.

Usa 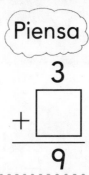 para sumar y restar.

1.

$$\begin{array}{r} 9 \\ -\ 3 \\ \hline ? \end{array}$$

Piensa

$$\begin{array}{r} 3 \\ +\ \boxed{} \\ \hline 9 \end{array}$$

Por lo tanto,

$$\begin{array}{r} 9 \\ -\ 3 \\ \hline \end{array}$$

2.

$$\begin{array}{r} 15 \\ -\ 8 \\ \hline ? \end{array}$$

Piensa

$$\begin{array}{r} 8 \\ +\ \boxed{} \\ \hline 15 \end{array}$$

Por lo tanto,

$$\begin{array}{r} 15 \\ -\ 8 \\ \hline \end{array}$$

3.

$$\begin{array}{r} 11 \\ -\ 7 \\ \hline ? \end{array}$$

Piensa

$$\begin{array}{r} 7 \\ +\ \boxed{} \\ \hline 11 \end{array}$$

Por lo tanto,

$$\begin{array}{r} 11 \\ -\ 7 \\ \hline \end{array}$$

Resolución de problemas En el mundo

4. Escribe un enunciado numérico para resolver. Tengo 18 frutas.
9 son manzanas.
Las demás son naranjas.
¿Cuántas naranjas tengo?

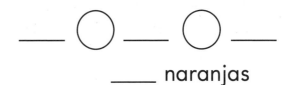

____ naranjas

5. ESCRIBE Matemáticas Usa dibujos o palabras para explicar cómo puedes usar 2 + ____ = 7 para resolver 7 − 2 = _____.

Repaso de la lección

1. Usa la suma para resolver 16 − 9.

$$9 + \underline{\quad} = 16 \qquad\qquad 16 - 9 = \underline{\quad}$$

---

2. ¿Qué número falta?

$$\begin{array}{r} 5 \\ + \boxed{} \\ \hline 14 \end{array} \qquad\qquad \begin{array}{r} 14 \\ - 5 \\ \hline \boxed{} \end{array}$$

Repaso en espiral

3. Usa 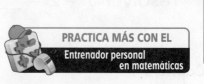 para representar los 3 sumandos. Escribe la suma.

$$4 + 4 + 6 = \underline{\quad}$$

---

4. Haz un dibujo para mostrar tu trabajo. Escribe el número. Hay 5 aves. 3 aves se van volando. ¿Cuántas aves hay ahora?

____ aves

PRACTICA MÁS CON EL
Entrenador personal
en matemáticas

Nombre _____

Pensar en la suma para restar

Pregunta esencial ¿Cómo puedes usar la suma para ayudarte a hallar el resultado de una operación de resta?

Objetivo de aprendizaje Usarás la suma para ayudarte a hallar el resultado de operaciones de resta.

Escucha y dibuja

¿Cuánto es
10 - 3?

Usa . Haz un dibujo que muestre tu trabajo. Escribe los enunciados numéricos.

___ ◯ ___ ◯ ___

 PARA EL MAESTRO • Lea el problema. María tiene 7 crayones. Le regalan 3 más. ¿Cuántos crayones tiene María en total? Pida a los niños que usen el espacio de arriba para resolver el problema. Luego pídales que resuelvan este problema: María tiene 10 crayones. Regala 3 crayones a sus amigos. ¿Cuántos crayones hay ahora?

Charla matemática
PRÁCTICAS Y PROCESOS MATEMÁTICOS

Analiza ¿Tienen sentido tus resultados? Explica.

Capítulo 4

doscientos veintitrés **223**

Las operaciones de suma te sirven para restar.

¿Cuánto es 8 − 6?

Usa   6 + ____ = 8

Por lo tanto,   8 − 6 = ____

Comparte y muestra   MATH BOARD

Piensa en una operación de suma que te sirva para restar.

1. ¿Cuánto es 9 − 6?

Usa   6 + ____ = 9

Por lo tanto,   9 − 6 = ____

2. ¿Cuánto es 11 − 5?

Usa   ____ + ____ = 11

Por lo tanto,   11 − 5 = ____

3. ¿Cuánto es 10 − 8?

Usa   ____ + ____ = 10

Por lo tanto,   10 − 8 = ____

4. ¿Cuánto es 7 − 4?

Usa   ____ + ____ = 7

Por lo tanto,   7 − 4 = ____

Nombre _____

PRÁCTICAS Y PROCESOS MATEMÁTICOS **1** **Analiza**

Piensa en una operación de suma que te sirva para restar.

5.
$$16$$
$$-\ 8$$

$$8$$
$$+\ \blacksquare$$
$$16$$

6.
$$10$$
$$-\ 6$$

$$6$$
$$+\ \blacksquare$$
$$10$$

7.
$$7$$
$$-\ 5$$

8.
$$10$$
$$-\ 5$$

9.
$$8$$
$$-\ 5$$

10.
$$11$$
$$-\ 6$$

11.
$$13$$
$$-\ 7$$

12.
$$11$$
$$-\ 4$$

13.
$$14$$
$$-\ 7$$

14.
$$9$$
$$-\ 3$$

15.
$$11$$
$$-\ 7$$

16.
$$12$$
$$-\ 7$$

17. PIENSA MÁS   Emil tiene 13 lápices en un portalápices. Saca unos lápices y le quedan 6 lápices en el portalápices. ¿Cuántos lápices sacó?

¿Qué operación de suma te sirve para resolver este problema?

____ + ____ = ____

Por lo tanto, Emil sacó ____ lápices.

Matemáticas al instante

ACTIVIDAD PARA LA CASA • Pida a su niño que explique cómo la operación de suma 8 + 6 = 14 le sirve para hallar 14 − 6.

✓ Revisión de la mitad del capítulo

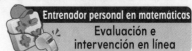

Entrenador personal en matemáticas
Evaluación e
intervención en línea

Conceptos y destrezas

Cuenta hacia atrás 1, 2 o 3 para restar.
Escribe la diferencia.

1. $7 - 1 =$ _____

2. _____ $= 7 - 2$

3. $12 - 3 =$ _____

4. $9 - 3 =$ _____

5. $6 - 2 =$ _____

6. $8 - 3 =$ _____

7. _____ $= 11 - 3$

8. $5 - 2 =$ _____

Usa 🔲➕🔲 para sumar y restar.

9. $\begin{array}{r} 11 \\ -\ 5 \\ \hline ? \end{array}$

Piensa
$\begin{array}{r} 5 \\ +\ \boxed{} \\ \hline 11 \end{array}$

Por lo tanto,
$\begin{array}{r} 11 \\ -\ 5 \\ \hline \end{array}$

10. $\begin{array}{r} 14 \\ -\ 7 \\ \hline ? \end{array}$

Piensa
$\begin{array}{r} 7 \\ +\ \boxed{} \\ \hline 14 \end{array}$

Por lo tanto,
$\begin{array}{r} 14 \\ -\ 7 \\ \hline \end{array}$

Entrenador personal en matemáticas

11. **PIENSA MÁS ➕** Escribe un enunciado de resta que puedas resolver con $3 + 9 = 12$.

_____ $-$ _____ $=$ _____

Nombre _____

Pensar en la suma para restar

Objetivo de aprendizaje Usarás la suma para ayudarte a hallar el resultado de operaciones de resta.

Piensa en una operación de suma que te sirva para restar.

1.
$$\begin{array}{r} 13 \\ -8 \\ \hline \end{array}$$

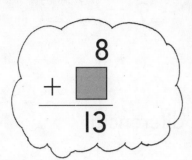

$$\begin{array}{r} 8 \\ +\ \square \\ \hline 13 \end{array}$$

2.
$$\begin{array}{r} 12 \\ -6 \\ \hline \end{array}$$

$$\begin{array}{r} 6 \\ +\ \square \\ \hline 12 \end{array}$$

3.
$$\begin{array}{r} 6 \\ -\ 4 \\ \hline \end{array}$$

4.
$$\begin{array}{r} 14 \\ -9 \\ \hline \end{array}$$

5.
$$\begin{array}{r} 9 \\ -\ 5 \\ \hline \end{array}$$

6.
$$\begin{array}{r} 13 \\ -6 \\ \hline \end{array}$$

7.
$$\begin{array}{r} 10 \\ -7 \\ \hline \end{array}$$

Resolución de problemas En el mundo

8. Resuelve. Escribe o haz un dibujo que muestre tu trabajo.
Tengo 15 estampillas.
Algunas son viejas. 6 son nuevas.
¿Cuántas estampillas son viejas?

_____ estampillas

9. ESCRIBE ✏ Matemáticas Usa dibujos o palabras para explicar cómo puedes usar la suma para resolver 14 − 9.

Repaso de la lección

1. Usa $9 + \underline{\quad} = 13$ para hallar la diferencia.

$$9 + \underline{\quad} = 13 \qquad\qquad 13 - 9 = \underline{\quad}$$

2. Usa $8 + \underline{\quad} = 11$ para hallar la diferencia.

$$8 + \underline{\quad} = 11 \qquad\qquad 11 - 8 = \underline{\quad}$$

Repaso en espiral

3. Suma. Escribe la operación de dobles
que usaste para resolver el problema.

$$4 + 5 = \underline{\quad}$$

$$\underline{\quad} \bigcirc \underline{\quad} \bigcirc \underline{\quad}$$

4. Encierra en un círculo el sumando mayor.
Cuenta hacia adelante para sumar.

$$7 + 2 = \underline{\quad}$$

PRACTICA MÁS CON EL
**Entrenador personal
en matemáticas**

Nombre _____

Usar 10 para restar

Pregunta esencial ¿Cómo puedes formar una decena para ayudarte a restar?

Objetivo de aprendizaje Formarás una decena para ayudarte a restar.

Usa ⬤ para mostrar el problema.
Haz un dibujo que muestre tu trabajo.

PARA EL MAESTRO • Lea el siguiente problema. Austin pone 9 fichas rojas en el primer cuadro de diez. Luego pone 1 ficha amarilla en ese mismo cuadro. ¿Cuántas fichas amarillas más necesita Austin para formar 15?

Charla matemática

PRÁCTICAS Y PROCESOS MATEMÁTICOS 4

Representa ¿Cómo te ayuda tu dibujo a resolver 15 – 9?

Capítulo 4

doscientos veintinueve **229**

Puedes formar una decena para ayudarte a restar.

$$13 - 9 = \underline{?}$$

Comienza en el 9.
Cuenta de menor a mayor **1** para formar 10.
Cuenta de menor a mayor **3** más hasta 13.

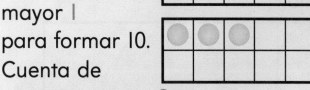

Contaste **4** de menor a mayor.

$$13 - 9 = \underline{}$$

$$17 - 8 = \underline{?}$$

Comienza en el 8.
Cuenta de menor a mayor **2** para formar 10.
Cuenta de menor a mayor

7 más hasta 17.

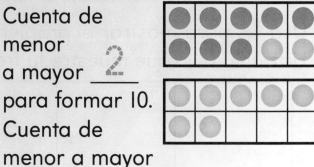

Contaste **9** de menor a mayor.

$$17 - 8 = \underline{}$$

Comparte y muestra MATH BOARD

Usa  y cuadros de diez. Forma una decena para restar. Haz un dibujo que muestre tu trabajo.

✓1. $$12 - 8 = \underline{?}$$

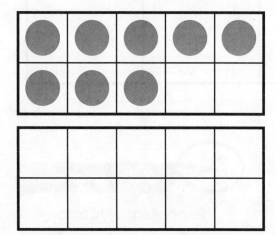

$$12 - 8 = \underline{}$$

✓2. $$11 - 9 = \underline{?}$$

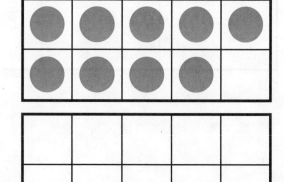

$$11 - 9 = \underline{}$$

Por tu cuenta

PRÁCTICAS Y PROCESOS MATEMÁTICOS ⑤ **Usa un modelo concreto**

Usa ⬤ y cuadros de diez. Forma decenas
para restar. Haz un dibujo que muestre tu trabajo.

3. $14 - 9 = \underline{\ ?\ }$

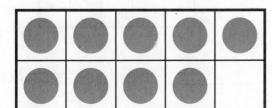

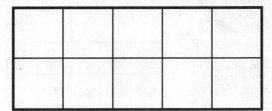

$14 - 9 = \underline{\qquad}$

4. $11 - 8 = \underline{\ ?\ }$

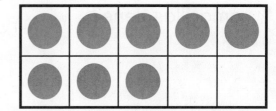

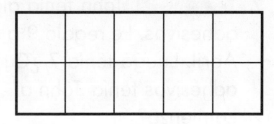

$11 - 8 = \underline{\qquad}$

Resuelve. Usa los cuadros de diez
para formar una decena que te
ayude a restar.

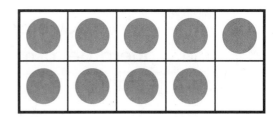

5. **PIENSA MÁS** Hay 14 flores en el
jardín. Nueve son rojas y las
demás amarillas. ¿Cuántas
flores son amarillas?

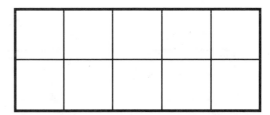

_____ flores amarillas

Resolución de problemas • Aplicaciones ESCRIBE ▸ Matemáticas

Resuelve. Forma decenas en los cuadros de diez para ayudarte a restar.

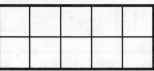

6. **MÁS AL DETALLE** Mia tiene 18 cuentas. 9 son rojas y las demás son amarillas. ¿Cuántas cuentas amarillas tiene?

_____ cuentas **amarillas**

7. **PIENSA MÁS** John tenía algunos adhesivos. Le regaló 9 a April. Luego tenía 7. ¿Cuántos adhesivos tenía John al comienzo?

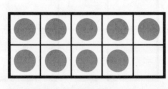

_____ **adhesivos**

Entrenador personal en matemáticas

8. **PIENSA MÁS +** ¿Qué opción muestra una manera de formar una decena para restar?

$17 - 8 = \underline{\quad?\quad}$

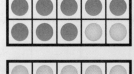
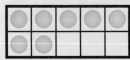

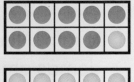
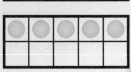

○   ○   ○   ○

ACTIVIDAD PARA LA CASA • Pida a su niño que explique cómo resolvió el Ejercicio 8.

Usar 10 para restar

Objetivo de aprendizaje Formarás una decena para ayudarte a restar.

Usa y cuadros de diez.
Forma una decena para restar.
Haz un dibujo que muestre tu trabajo.

1.

$12 - 9 = \underline{\ ?\ }$

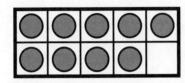

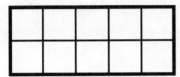

$12 - 9 = \underline{\ \ \ }$

2.

$12 - 8 = \underline{\ ?\ }$

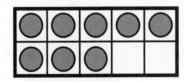

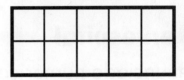

$12 - 8 = \underline{\ \ \ }$

Resolución de problemas En el mundo

Resuelve. Usa los cuadros de diez para formar una decena para ayudarte a restar.

3. Marta tiene 15 adhesivos.
8 son azules y los demás son rojos.
¿Cuántos adhesivos son rojos?

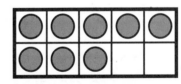

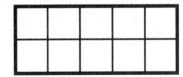

_____ adhesivos

4. 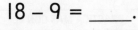 **Matemáticas** Dibuja
cuadros de diez y fichas para
mostrar cómo se resuelve
$18 - 9 = \underline{\ \ \ }$.

Repaso de la lección

1. Observa el modelo. Escribe el enunciado de resta que muestra el modelo.

___ – ___ = ___

....

Repaso en espiral

2. ¿Qué enunciado numérico muestra este modelo?

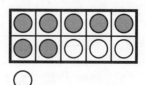

___ ◯ ___ ◯ ___

....

3. Este cuadro de diez muestra 5 + 8. Dibuja para formar una decena. Después escribe la operación nueva.

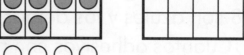

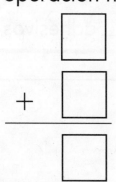

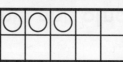

PRACTICA MÁS CON EL
Entrenador personal en matemáticas

Nombre _____

Separar para restar

Pregunta esencial ¿Cómo separas un número para restar?

Objetivo de aprendizaje Restarás al separar un número para formar una decena.

Escucha y dibuja En el mundo Manos a la obra

Usa ● para resolver cada problema.
Haz un dibujo que muestre tu trabajo.

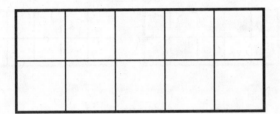

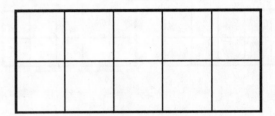

_____ marcadores

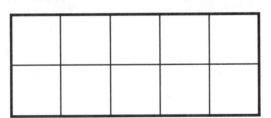

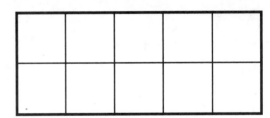

_____ marcadores

PARA EL MAESTRO • Lea el siguiente problema. Tom tenía 14 marcadores. Le dio 4 a su hermana. ¿Cuántos marcadores tiene Tom ahora? Pida a los niños que resuelvan en el espacio de arriba. Después lea esta parte del problema: Luego Tom le dio 2 marcadores a su hermano. ¿Cuántos marcadores le quedan a Tom?

Charla matemática

PRÁCTICAS Y PROCESOS MATEMÁTICOS 2

Razonamiento ¿Cómo hallas cuántos marcadores regaló Tom? Explica.

doscientos treinta y cinco **235**

Piensa en una decena para hallar 13 — 4.
Coloca 13 fichas en dos cuadros de diez.

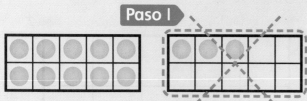
¿Cuánto debes restar para obtener 10?

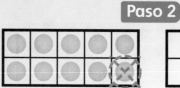
¿Cuánto le falta para restar 4?

Resta __3__ para obtener 10.

Luego resta __1__ más.

Paso I

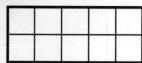

Paso 2

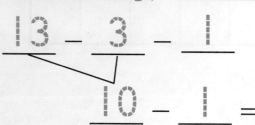

13 — 3 — 1

_____ — _____ = _____

Por lo tanto, 13 — 4 = _____.

Comparte y muestra MATH BOARD

Resta.

PIENSA
¿Cuál es la mejor manera de separar el 7?

I. ¿Cuánto es 15 — 7?

Paso I

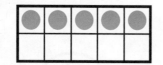

Paso 2

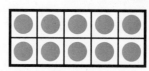 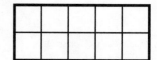

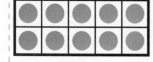

_____ — _____ — _____

_____ — _____ = _____

Por lo tanto, 15 — 7 = _____.

Nombre _____

Por tu cuenta

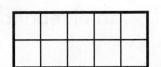 **Razona de forma cuantitativa**

Resta.

2. *MÁS AL DETALLE* **¿Cuánto es 14 − 6?**

Paso 1

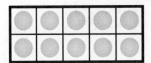 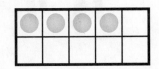

Paso 2

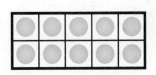

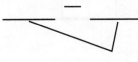

___ − ___ = ___

Por lo tanto, 14 − 6 = _____.

3. ¿Cuánto es 16 − 7?

Paso 1

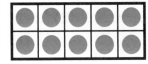 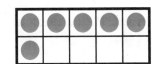

Paso 2

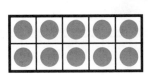 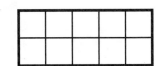

___ − ___ = ___

Por lo tanto, _____ − _____ = _____.

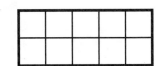

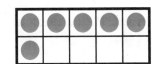

Capítulo 4 • Lección 5

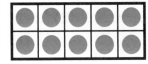

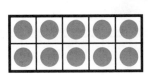

doscientos treinta y siete **237**

Resolución de problemas • Aplicaciones

Usa los cuadros de diez. Escribe un enunciado numérico para resolver.

4. **PIENSA MÁS** Hay 14 ovejas en el rebaño. Se van 5 ovejas. ¿Cuántas ovejas quedan en el rebaño?

Paso 1

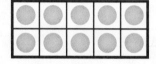
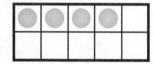

Paso 2

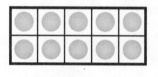
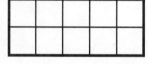

_____ – _____ = _____

_____ ovejas

5. **PIENSA MÁS** ¿Qué enunciado de resta muestra el modelo?

Paso 1

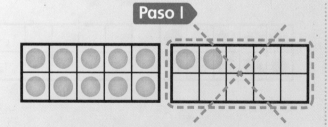

Paso 2

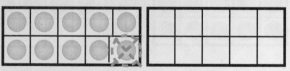

○ 10 – 1 = 9   ○ 12 – 3 = 9

○ 10 – 3 = 7   ○ 12 – 2 = 10

ACTIVIDAD PARA LA CASA • Pida a su niño que explique cómo resolvió el Ejercicio 4.

Separar para restar

Resta.

Objetivo de aprendizaje Restarás al separar un número para formar una decena.

1. ¿Cuánto es 13 − 5?

| Paso 1 | Paso 2 |

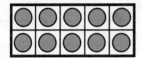 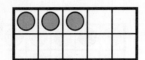 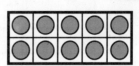 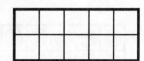

___ − ___ = ___

Por lo tanto, 13 − 5 = ___.

Resolución de problemas En el mundo

2. Hay 17 cabras en el establo. Salen 8 cabras.
¿Cuántas cabras quedan en el establo?

| Paso 1 | Paso 2 |

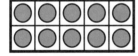 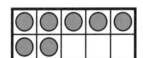 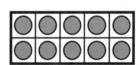 

Por lo tanto, ___ − ___ = ___

___ − ___ = ___.

3. **ESCRIBE** **Matemáticas** Dibuja cuadros de diez y fichas para mostrar cómo separarías un número para hallar 14 − 6.

Repaso de la lección

1. Muestra cómo formar una decena para hallar 12 − 4. Escribe el enunciado numérico.

Paso 1

Paso 2

_____ − _____ − _____ = _____

Repaso en espiral

2. Usa 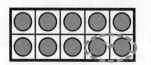. Haz un dibujo y colorea para mostrar una manera de separar 7. Completa el enunciado de resta.

7 − _____ = _____

3. Usa dobles menos uno para resolver 8 + 7. Escribe el enunciado numérico.

_____ ◯ _____ ◯ _____ ◯ _____

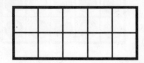
PRACTICA MÁS CON EL
Entrenador personal
en matemáticas

Nombre _____

Resolución de problemas •
Usar las estrategias de resta

Pregunta esencial ¿Cómo te puede ayudar representar
un problema a resolver el problema?

Objetivo de aprendizaje Usarás la estrategia
representar para ayudarte a resolver
problemas del mundo real.

Kyle tenía 13 gorras. Le dio 5 gorras a Jake.
¿Cuántas gorras le quedan a Kyle?

 Soluciona el problema

¿Qué debo hallar?

_____

cuántas **gorras**

le quedan a Kyle

**¿Qué información
debo usar?**

Kyle tenía ___13___ gorras.

Kyle le dio ___5___ gorras a Jake.

Muestra cómo resolver el problema.

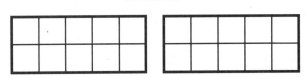

Paso 1

Paso 2

Kyle ahora tiene ___8___ gorras.

NOTA A LA FAMILIA • Su niño usó fichas para representar un problema
de resta. El organizador gráfico permite a su niño analizar la información
que se da en el problema.

Representa para resolver. Haz un dibujo
que muestre tu trabajo.

• ¿Qué debo hallar?
• ¿Qué información
  debo usar?

I. Heather tiene 14 galletas.
   Algunas galletas están rotas.
   8 galletas no están rotas.
   ¿Cuántas galletas están rotas?

$$14 - \boxed{} = 8$$

_____ galletas están rotas.

Charla matemática

PRÁCTICAS Y PROCESOS MATEMÁTICOS **4**

Representa ¿Cómo
muestras cuántas
galletas están rotas?

Comparte y muestra

PRÁCTICAS Y PROCESOS MATEMÁTICOS **1** **Analizar**

Representa para resolver. Haz un dibujo
que muestre tu trabajo.

2. Phil tenía adhesivos. Perdió
7 adhesivos. Ahora tiene
9 adhesivos. ¿Cuántos
adhesivos tenía Phil al
comienzo?

$$\boxed{} - 7 = 9$$

Phil tenía ____ adhesivos al
comienzo.

3. Hillary tiene 9 muñecas.
Abby tiene 18 muñecas.
¿Cuántas muñecas
menos que Abby
tiene Hillary?

$$18 - 9 = \boxed{}$$

Hillary tiene ____ muñecas
menos.

4. Josh tenía 12 semillas.
Sembró algunas en la
tierra. Le quedan 5.
¿Cuántas semillas
sembró?

$$12 - \boxed{} = 5$$

Josh sembró ____ semillas.

5. Cami tiene 13 manzanas.
Unas son verdes y otras son
rojas. Tiene 8 manzanas
rojas. ¿Cuántas
manzanas
verdes tiene?

$$13 - \boxed{} = 8$$

Tiene ____ manzanas verdes.

Por tu cuenta  ESCRIBE Matemáticas

Elige una manera de resolver. Dibuja o escribe la explicación.

6. **PIENSA MÁS** Hay 10 ranas en el árbol. Llegan saltando 3 ranas más. Luego se van saltando 4 ranas. ¿Cuántas ranas hay en el árbol ahora?

_____ ranas

7. Hay 9 tortugas más en el agua que en un tronco. Hay 13 tortugas en el agua. ¿Cuántas tortugas hay en el tronco?

_____ tortugas

8. **MÁS AL DETALLE** Elige un número para completar el espacio en blanco. Resuelve. Hay 10 perros en el parque.

_____ perros son marrones. El resto tiene manchas negras. ¿Cuántos perros tienen manchas negras?

_____ perros

9. **PIENSA MÁS** Chris tiene 10 gusanitos. Regala algunos de ellos. Le quedan 6 gusanitos. ¿Cuántos gusanitos regaló Chris?

Chris regaló [ ] gusanitos.

 ACTIVIDAD PARA LA CASA • Diga a su niño un problema de resta. Pídale que represente el problema usando objetos pequeños para resolverlo.

Resolución de problemas • Usar las estrategias de resta

Objetivo de aprendizaje Usarás la estrategia *representar* para ayudarte a resolver problemas del mundo real.

Representa para resolver.
Haz un dibujo que muestre tu trabajo.

1. Hay 13 monos. Seis son pequeños. Los demás son grandes. ¿Cuántos monos grandes hay?

$$13 - 6 = \boxed{}$$

Hay ____ monos grandes.

2. Mindy tenía 13 flores. Le dio algunas a Sarah. Le quedan 9. ¿Cuántas flores le dio a Sarah?

$$13 - \boxed{} = 9$$

Mindy le dio ____ flores a Sarah.

3. Hay 5 caballos más en el establo que afuera. Hay 12 caballos en el establo. ¿Cuántos caballos hay afuera?

$$12 - 5 = \boxed{}$$

Hay ____ caballos afuera.

4. ESCRIBE ▸ Matemáticas Usa dibujos o palabras para explicar cómo representarías el siguiente problema. Joe tiene 9 carritos. Dan tiene 6. ¿Cuántos carritos menos tiene Dan que Joe?

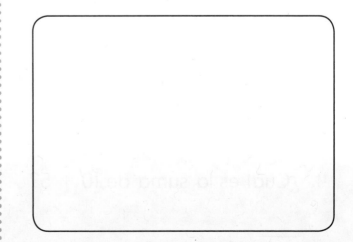

Repaso de la lección

1. Resuelve. Completa el enunciado numérico. Jack tiene 14 naranjas. Regala algunas. Le quedan 6. ¿Cuántas naranjas regaló?

$14 - \underline{} = 6$

Jack regaló $\underline{}$ naranjas.

2. Resuelve. Completa el enunciado numérico. Hay 13 peras en una canasta. Unas son amarillas y otras son verdes. 5 peras son verdes. ¿Cuántas peras son amarillas?

$13 - 5 = \underline{}$

$\underline{}$ peras son amarillas.

Repaso en espiral

3. Haz un dibujo para resolver. Rita tiene 4 plantas. Le regalan 9 plantas más. Luego le regalan 1 planta más. ¿Cuántas plantas tiene ahora?

$\underline{} \bigcirc \underline{} \bigcirc \underline{} \bigcirc \underline{}$

$\underline{}$ plantas

4. ¿Cuál es la suma de $10 + 5$?

$\underline{}$

PRACTICA MÁS CON EL
Entrenador personal
en matemáticas

☑ Repaso y prueba del Capítulo 4

1. Cuenta hacia atrás. Escribe el número que indica 2 menos.

$$8 - 2 = \boxed{}$$

2. Observa las operaciones. Falta un número.
¿Qué número falta?

$$\begin{array}{r} 8 \\ + \boxed{} \\ \hline 13 \end{array} \qquad \begin{array}{r} 13 \\ - \ 8 \\ \hline \boxed{} \end{array}$$

5   6   7   8
○   ○   ○   ○

3. Escribe un enunciado de resta que se pueda resolver con $5 + 4 = 9$.

$$\boxed{} - \boxed{} = \boxed{}$$

Opciones de evaluación
Prueba del capítulo

4. **PIENSA MÁS +** Forma una decena para restar. Haz un dibujo que muestre tu trabajo. Escribe la diferencia.

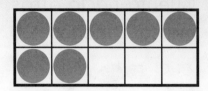

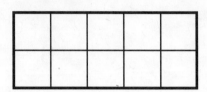

$12 - 7 =$ ☐

5. ¿Qué enunciado de resta muestra el modelo?

○ $10 - 5$

○ $15 - 5$

○ $10 - 5 - 1$

○ $15 - 5 - 3$

Paso 1

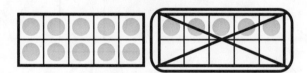

Paso 2

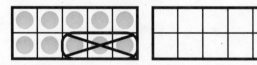

6. Lupe tiene 9 libros. Regala algunos. Le quedan 7 libros. ¿Cuántos libros regala? Haz un dibujo o escribe la explicación.

Lupe regala ☐ libros.

7. Observa los enunciados numéricos.
¿Qué número falta? Escribe el número
en cada cuadro.

$$13 - \boxed{} = 9 \qquad 9 + \boxed{} = 13$$

---

8. significa "cuenta hacia atrás 1".

 significa "cuenta hacia atrás 2".

 significa "cuenta hacia atrás 3".

Empareja cada dibujo con
un enunciado numérico.

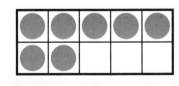 ·   · $5 - ? = 2$

· $7 - ? = 6$

· $8 - ? = 6$

---

9. Forma una decena para restar.

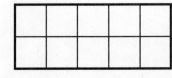

$13 - 7 = \boxed{}$

$13 - 7 = \underline{\quad ? \quad}$

10. ¿Cómo muestra el modelo 15 − 6? Elige
los números para que los enunciados sean
verdaderos. Encierra en un círculo los números
en las casillas.

Paso 1

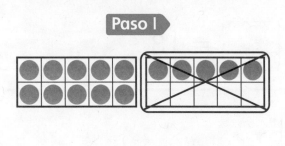

$$15 - \begin{array}{|c|} \hline 6 \\ 5 \\ 4 \\ \hline \end{array} = 10$$

Paso 2

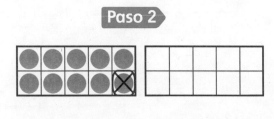

$$10 - \begin{array}{|c|} \hline 1 \\ 2 \\ 3 \\ \hline \end{array} = 9$$

11. **MÁS AL DETALLE** Mark tiene 11 . Regala algunos
y le quedan 4. ¿Cuántos  regala? Haz un
dibujo que te ayude a restar.

_____

¿En qué se parecen dibujar y representar un
problema?

Relaciones de suma y resta

Aprendo más con

Jorge el Curioso

Los niños tocan 4 veces la Campana de la Libertad. Luego la tocan 9 veces más. ¿Cuántas veces tocan la campana en total?

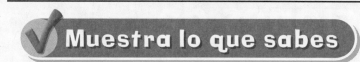 **Muestra lo que sabes**

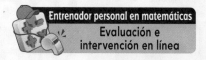 Entrenador personal en matemáticas
Evaluación e
intervención en línea

Suma en cualquier orden

Usa 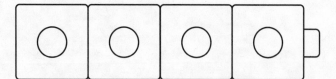. Colorea para relacionar.
Escribe las sumas.

1.

$1 + 3 =$ _____

$3 + 1 =$ _____

Cuenta hacia adelante

Cuenta hacia adelante para sumar. Escribe las sumas.

2. $6 + 3 =$ ___ | 3. $7 + 1 =$ ___ | 4. $8 + 2 =$ ___

Cuenta hacia atrás

Cuenta hacia atrás para restar. Escribe las diferencias.

5. $11 - 2 =$ ___ | 6. $8 - 3 =$ ___ | 7. $9 - 1 =$ ___

Esta página es para verificar la comprensión de las destrezas
importantes que se necesitan para tener éxito en el Capítulo 5.

Desarrollo del vocabulario

Palabras de repaso

sumar
operación de suma
diferencia
restar
operación de resta
suma

Visualízalo

Clasifica las palabras de repaso de la casilla.

Palabras de suma   Palabras de resta

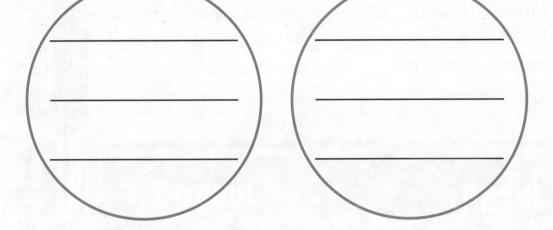

Comprende el vocabulario

Sigue las instrucciones.

I. Escribe una operación de suma.

3. Escribe una operación de resta.

2. ¿Cuál es la suma?

____

4. ¿Cuál es la diferencia?

____

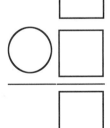
• Libro interactivo del estudiante
• Glosario multimedia

Capítulo 5

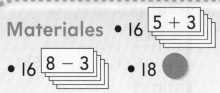
Juego

Bingo
de sumas y restas

Materiales • 16 $5 + 3$

• 16 $8 - 3$ • 18 ⚫

Juega con un compañero.

Cada uno juega con ⚫ o ⚪.

① Mezcla las tarjetas de suma.
Cada jugador recibe 8 tarjetas.
Coloca tus tarjetas boca arriba.

② Apila las tarjetas de resta boca abajo.

③ Toma una tarjeta de resta. ¿Tienes la tarjeta de suma que te sirve de ayuda para restar?

④ Si es así, junta ambas tarjetas y cubre un espacio con una ⚫. Si no, pierdes un turno.

⑤ Gana el primer jugador que logra cubrir 3 espacios de una hilera.

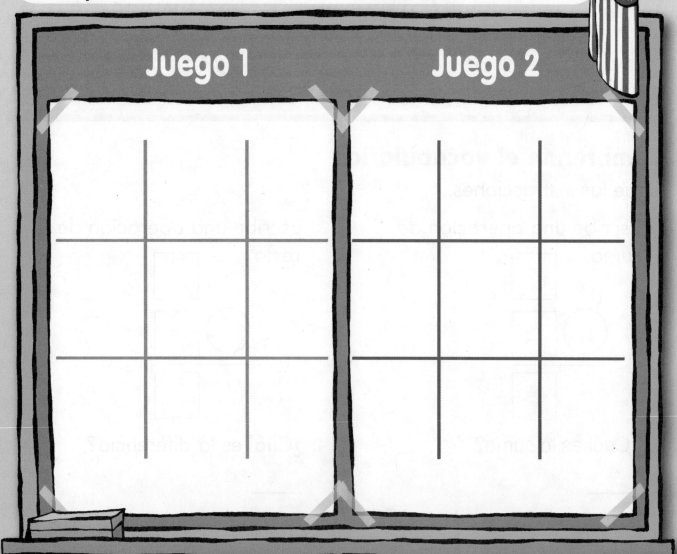

Juego 1

Juego 2

Vocabulario del Capítulo 5

diferencia

difference

16

enunciado de resta

subtraction sentence

23

enunciado de suma

addition sentence

24

operaciones relacionadas

related facts

45

restar

subtract

52

suma

sum

53

sumando

addend

54

sumar

add

55

$$9 - 5 = 4$$

Es un **enunciado de resta.**

$$9 - 4 = 5$$

La **diferencia** es 5.

Las operaciones relacionadas tienen las mismas partes y todos.

 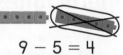

$$4 + 5 = 9$$ $$9 - 5 = 4$$

$$5 + 4 = 9$$ $$9 - 4 = 5$$

$$4 \quad + \quad 2 \quad = \quad 6$$

Es un **enunciado de suma.**

---

2 más 1 es igual a 3.

La **suma** es 3.

$$5 - 2 = 3$$

$$3 + 2 = 5$$

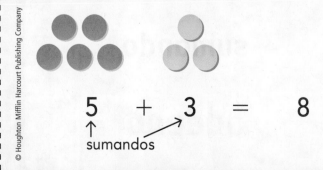

$$5 \quad + \quad 3 \quad = \quad 8$$

sumandos

Haz una pareja

Materiales
2 juegos de tarjetas de palabras

Instrucciones
Juega con un compañero.

1. Mezcla las tarjetas. Da 5 tarjetas a cada jugador. Coloca el resto en la pila boca abajo.

2. Pide a un jugador que diga una palabra que corresponda con la palabra que tienes en la mano.

   • Si el jugador tiene la palabra, él o ella te entregará la tarjeta. Coloca el par de tarjetas de palabras a un lado.

   • Si el jugador no tiene la palabra, él o ella te dirá "Haz una pareja". Toma una tarjeta de la pila. Si esa tarjeta es igual a una palabra en tu mano, coloca el par de tarjetas de palabras a un lado.

3. Túrnense.

4. Cuando un compañero ha emparejado todas sus tarjetas de palabras, gana. Cuando ya no queden tarjetas de palabras en la pila, gana el jugador con más parejas.

Recuadro de palabras

sumar

sumando

enunciado
  de suma

diferencia

operaciones
  relacionadas

restar

enunciado
  de resta

suma

Escríbelo

Reflexiona

Selecciona una idea. Dibuja y escribe sobre ella.

- Max quiere saber si lo siguiente es correcto.

$$3 + 5 = 6 + 2$$

Dibuja y escribe cómo lo sabes.

- Menciona tres cosas que sabes sobre la suma y resta de números.

Nombre _____

Resolución de problemas •
Sumar o restar

Pregunta esencial ¿Cómo te puede ayudar hacer un modelo a resolver un problema?

Objetivo de aprendizaje Usarás la estrategia *hacer un modelo* para ayudarte a resolver problemas del mundo real.

Hay 16 tortugas en la playa.

Algunas tortugas se van nadando.

Quedan 9 tortugas en la playa.

¿Cuántas tortugas se van nadando?

Soluciona el problema En el mundo

¿Qué debo hallar?

cuántas _tortugas_

se van nadando

¿Qué información debo usar?

1 6 tortugas

? se van nadando

9 tortugas quedan en la playa

Muestra cómo resolver el problema.

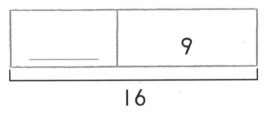

	9

16

16 tortugas _____ se van nadando quedan 9 tortugas en la playa

NOTA A LA FAMILIA: • Su niño hizo un modelo para visualizar el problema. El modelo sirve para que su niño vea qué parte del problema debe hallar.

© Houghton Mifflin Harcourt Publishing Company • Image Credits: (tr) ©Shutterstock

Haz un modelo para resolver.
Usa  como ayuda.

- ¿Qué debo hallar?
- ¿Qué información debo usar?

1. Hay 4 conejos en el jardín. Llegan unos conejos más. Ahora hay 12 en total. ¿Cuántos conejos llegaron al jardín?

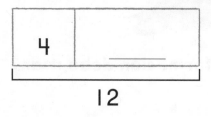

4	_____

12

4 conejos   llegan_____ conejos   hay 12 conejos en total

2. Hay 14 aves en un árbol.
Algunas aves se van volando.
Quedan 9 aves en el árbol.
¿Cuántas aves se van volando?

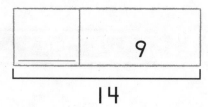

	9

14

14 aves   _____ aves se van volando   quedan 9 aves en el árbol

Charla matemática

PRÁCTICAS Y PROCESOS MATEMÁTICOS 4

Representa Explica cómo hallas el número desconocido.

© Houghton Mifflin Harcourt Publishing Company • Image Credits: (tr) ©Peter Barritt/Alamy (br) ©Jaim Simoes Oliveira/Flickr/Getty Images

Nombre _____

Haz un modelo para resolver.

☑3. Hay 20 patos en el estanque.
Luego 10 patos se van nadando.
¿Cuántos patos quedan en
el estanque?

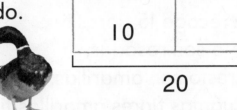

10	_____

20

20 patos   10 se van nadando   quedan _____ patos en el estanque.

4.   **PIENSA MÁS**   3 águilas se
posan en los árboles.
Ahora hay 12 águilas en
los árboles. ¿Cuántas
águilas había en los
árboles al comienzo?

_____	3

12

_____ águilas   3 águilas se posan   hay 12 águilas en los árboles

☑5. Hay 8 ardillas en el parque.
Llegan unas ardillas más.
Ahora hay 16 ardillas.
¿Cuántas ardillas llegaron
al parque?

8	_____

16

8 ardillas   llegan _____ ardillas   hay 16 ardillas en el parque

Por tu cuenta  **MATH BOARD**  ESCRIBE Matemáticas

PRÁCTICAS Y PROCESOS MATEMÁTICOS ② **Representa un problema**

Resuelve. Escribe o haz un dibujo que muestre tu trabajo.

6. Liz recoge 15 flores.
Siete son rosadas.
El resto son amarillas.
¿Cuántas flores amarillas tiene?

_____ flores amarillas.

7. Cindy tiene 14 erizos de mar. Tiene el mismo número de erizos de mar grandes y pequeños. Escribe un enunciado numérico sobre los erizos de mar.

____ ◯ ____ ◯ ____

8. MÁS AL DETALLE Sam tiene 3 libros más que Ed. Sam tiene 8 libros. ¿Cuántos libros tiene Ed?

____ libros

9. PIENSA MÁS Hay 7 huevos en un nido. Algunos huevos se rompen y salen polluelos del cascarón. Ahora quedan 5 huevos. ¿Cuántos huevos se rompen?

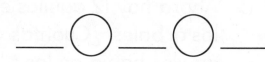

7 huevos   ____ se rompen   quedan 5 huevos

 ACTIVIDAD PARA LA CASA • Pida a su niño que observe el Ejercicio 7 y ponga el 18 como número total de erizos de mar. Luego pida a su niño que escriba un enunciado numérico.

Nombre _____

Sumar o restar

Objetivo de aprendizaje Usarás la estrategia *hacer un modelo* para ayudarte a resolver problemas del mundo real.

Haz un modelo para resolver.

I. Stan tiene 12 adhesivos.

Algunos adhesivos son nuevos.

4 adhesivos son viejos.

¿Cuántos adhesivos nuevos tiene?

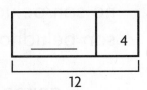

_____ adhesivos nuevos

2. Liz tiene 9 ositos de juguete.

Entonces compra otros más.

Ahora tiene 15 ositos.

¿Cuántos ositos compró?

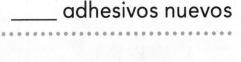

_____ ositos de juguete

3. Eric compró 6 libros.

Ahora tiene 16 libros.

¿Cuántos libros tenía al comienzo?

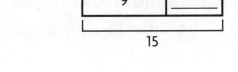

_____ libros

4. 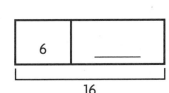 **Matemáticas** Escribe un problema de suma. Pídele a un compañero que lo resuelva.

_____

_____

_____

_____

Repaso de la lección

Usa el modelo para resolver.

1. Arlo tiene 17 animales rellenos de semillas. Unos son peluditos. Nueve animales no son peluditos. ¿Cuántos animales son peluditos?

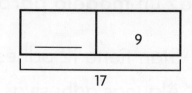

_____ animales peluditos

Repaso en espiral

2. Cuenta hacia atrás.
   Escribe la diferencia.

$$\underline{} = 11 - 3$$

3. Usa 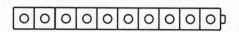. Colorea para mostrar cómo formar diez. Completa el enunciado de suma.

| ○ | ○ | ○ | ○ | ○ | ○ | ○ | ○ | ○ | ○ |

$$10 = \underline{} + \underline{}$$

PRACTICA MÁS CON EL
**Entrenador personal
en matemáticas**

Nombre _____

Anotar operaciones relacionadas

Pregunta esencial ¿Cómo te ayudan las operaciones relacionadas a hallar los números desconocidos?

Objetivo de aprendizaje Usarás operaciones relacionadas para ayudarte a hallar números desconocidos.

Escucha y dibuja En el mundo · Manos a la obra

Escucha el problema.

Haz un modelo con ▪▪ o un *i*tools en español. Dibuja tu modelo de ▪▪. Escribe el enunciado numérico.

___ + ___ = ___   ___ − ___ = ___

Charla matemática

Usa las herramientas Explica cómo tu modelo te ayuda a escribir tu enunciado número.

PARA EL MAESTRO • Lea el siguiente problema para la casilla izquierda. Colin tiene 7 galletas. Le dan 1 galleta más. ¿Cuántas galletas tiene Colin ahora? Luego lea el siguiente problema para la casilla derecha. Colin tiene 8 galletas. Le da una a Jacob. ¿Cuántas galletas tiene Colin ahora?

Capítulo 5

¿Cómo puedes escribir cuatro **operaciones relacionadas** usando un solo modelo?

$$4 + 5 = 9$$

$$9 - 5 = 4$$

$$5 + 4 = 9$$

$$9 - 4 = 5$$

Comparte y muestra

Usa . Suma o resta.
Completa las operaciones relacionadas.

1.

$$8 + \boxed{} = 15 \qquad 15 - 7 = \boxed{}$$

$$7 + 8 = \boxed{} \qquad \boxed{} - \boxed{} = \boxed{}$$

2.

$$\boxed{} + 9 = 14 \qquad 14 - \boxed{} = 5$$

$$9 + 5 = \boxed{} \qquad \boxed{} - \boxed{} = \boxed{}$$

3.

$$7 + \boxed{} = 13 \qquad 13 - 6 = \boxed{}$$

$$6 + 7 = \boxed{} \qquad \boxed{} - \boxed{} = \boxed{}$$

Por tu cuenta

PRÁCTICAS Y PROCESOS MATEMÁTICOS ① **Analiza relaciones**

Usa 🔲🔲. Suma o resta. Completa las operaciones relacionadas.

4.

$$\boxed{} + 8 = 13 \qquad 13 - \boxed{} = 5$$

$$8 + 5 = \boxed{} \qquad \boxed{} - \boxed{} = \boxed{}$$

5.

$$\boxed{} + 8 = 17 \qquad 17 - \boxed{} = 9$$

$$8 + 9 = \boxed{} \qquad \boxed{} - \boxed{} = \boxed{}$$

6.

$$9 + \boxed{} = 15 \qquad \boxed{} - 6 = 9$$

$$6 + \boxed{} = 15 \qquad \boxed{} - \boxed{} = \boxed{}$$

7. **PIENSA MÁS** Encierra en un círculo el enunciado numérico que tiene un error. Corrígelo y completa la operación relacionada.

$$7 + 9 = 16$$

$$16 + 9 = 7$$

$$9 + 7 = 16$$

$$16 - 7 = 9$$

___ ◯ ___ ◯ ___

Resolución de problemas • Aplicaciones

ESCRIBE ▸ Matemáticas

8. **MÁS AL DETALLE** Elige tres números para formar una operación relacionada. Elige números entre el 0 y el 18. Escribe tus números. Escribe las operaciones relacionadas.

9. **PIENSA MÁS** ¿Qué opción completa las operaciones relacionadas?

$$6 + 3 = 9 \qquad 9 - 3 = 6$$
$$3 + 6 = 9 \qquad ?$$

○ $6 + 9 = 15$

○ $9 + 3 = 12$

○ $9 - 6 = 3$

○ $6 - 3 = 3$

ACTIVIDAD PARA LA CASA • Escriba una operación de suma. Pida a su niño que escriba otras tres operaciones relacionadas.

Anotar operaciones relacionadas

Objetivo de aprendizaje Usarás operaciones relacionadas para ayudarte a hallar números desconocidos.

Usa . Suma o resta. Completa las operaciones relacionadas.

1.

$4 + \boxed{} = 12$ $\boxed{} - 8 = 4$

$8 + 4 = \boxed{}$ $\boxed{} - \boxed{} = \boxed{}$

2.

$\boxed{} + 4 = 9$ $9 - 4 = \boxed{}$

$\boxed{} + 5 = 9$ $\boxed{} - \boxed{} = \boxed{}$

Resolución de problemas En el mundo

Elige una manera de resolver.
Escribe o dibuja la explicación.

3. Hay 16 manzanas en el árbol.
No se cayó ninguna manzana.
¿Cuántas manzanas quedan en el árbol?

____ manzanas

4. ESCRIBE Matemáticas Escribe cuatro operaciones relacionadas. Utiliza dibujos para mostrar cómo están relacionados los enunciados numéricos.

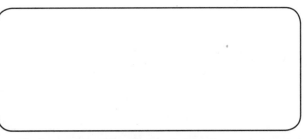

_____

_____

Repaso de la lección

1. Escribe una operación relacionada.

$$7 + 4 = 11 \qquad\qquad 11 - 7 = 4$$
$$4 + 7 = 11$$

$$\boxed{} - \boxed{} = \boxed{}$$

Repaso en espiral

2. Completa el enunciado de resta.

$$6 - 6 = \underline{}$$

3. Escribe un enunciado de suma que te ayude a resolver $15 - 9$.

$$\underline{} + \underline{} = \underline{}$$

PRACTICA MÁS CON EL
Entrenador personal
en matemáticas

Nombre _____

Identificar operaciones relacionadas

Pregunta esencial ¿Cómo sabes si la suma y la resta son operaciones relacionadas?

Objetivo de aprendizaje Comprenderás si las operaciones de suma o resta son relacionadas.

Escucha y dibuja

Usa ⬛⬛ para mostrar $4 + 9 = 13$

Dibuja ⬛⬛ para mostrar una operación de resta relacionada.

Escribe el enunciado de resta.

PARA EL MAESTRO • Pida a los niños que usen cubos para mostrar $4 + 9 = 13$. Luego pídales que usen los cubos para mostrar el enunciado de resta relacionado, que dibujen los cubos y que escriban el enunciado relacionado.

Charla matemática

PRÁCTICAS Y PROCESOS MATEMÁTICOS 7

Busca estructuras ¿Por qué tu enunciado de resta se relaciona con $4 + 9 = 13$?

Capítulo 5

Usa las ilustraciones. ¿Cuáles son dos operaciones que puedes escribir?

$$\underline{3} \oplus \underline{9} = \underline{12}$$

$$\underline{12} \ominus \underline{9} = \underline{3}$$

Estas son operaciones relacionadas. Si conoces una de estas operaciones, también conoces la otra operación.

Comparte y muestra MATH BOARD

Suma y resta.
Encierra en un círculo las operaciones relacionadas.

1. $6 + 4 =$ ___
   $10 - 4 =$ ___

2. ___ $= 9 + 8$
   ___ $= 17 - 8$

3. $9 + 5 =$ ___
   $9 - 5 =$ ___

4. $8 + 7 =$ ___
   $15 - 7 =$ ___

5. ___ $= 9 + 2$
   ___ $= 9 - 2$

6. $6 + 3 =$ ___
   $12 - 3 =$ ___

7. $4 + 8 =$ ___
   $12 - 8 =$ ___

8. ___ $= 7 + 6$
   ___ $= 13 - 6$

9. $9 + 9 =$ ___
   $18 - 9 =$ ___

Por tu cuenta

10. **PRÁCTICAS Y PROCESOS MATEMÁTICOS 7** **Identifica relaciones** Suma y resta. Colorea de 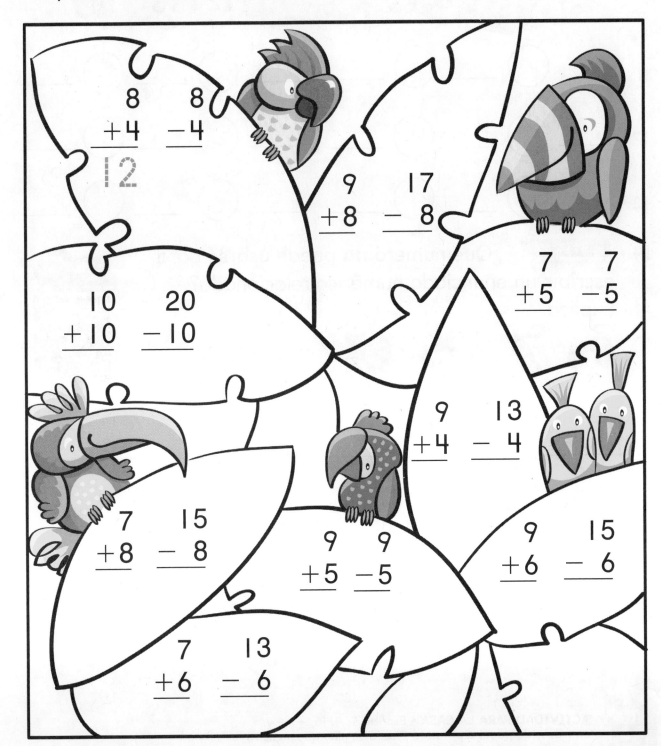 las hojas que tienen operaciones relacionadas.

$$8 \quad 8$$
$$+4 \quad -4$$
$$\overline{12}$$

$$9 \quad 17$$
$$+8 \quad -8$$

$$7 \quad 7$$
$$+5 \quad -5$$

$$10 \quad 20$$
$$+10 \quad -10$$

$$9 \quad 13$$
$$+4 \quad -4$$

$$7 \quad 15$$
$$+8 \quad -8$$

$$9 \quad 9$$
$$+5 \quad -5$$

$$9 \quad 15$$
$$+6 \quad -6$$

$$7 \quad 13$$
$$+6 \quad -6$$

Resolución de problemas · Aplicaciones

ESCRIBE ▸ **Matemáticas**

MÁS AL DETALLE Escribe enunciados de suma y resta relacionados usando estos números.

4 5 6 7 8 9 12 13 14

11. ____ ◯ ____ ◯ ____   ◯ ____ ◯ ____

12. ____ ◯ ____ ◯ ____   ◯ ____ ◯ ____

13. ____ ◯ ____ ◯ ____   ◯ ____ ◯ ____

14. **PIENSA MÁS** ¿Qué número **no** puede usarse para escribir un enunciado numérico relacionado? Explica.

6 7 5 8

_____

_____

15. **PIENSA MÁS** Observa las operaciones. ¿Son operaciones relacionadas? Elige Sí o No.

$13 - 8 = 5$	$5 + 8 = 13$
Sí	No

ACTIVIDAD PARA LA CASA · Escriba 7, 9, 16, +, − y = en trozos de papel separados. Pida a su niño que muestre operaciones relacionadas usando los trozos de papel.

Identificar operaciones relacionadas

Objetivo de aprendizaje Comprenderás si las operaciones de suma o resta son relacionadas.

Suma o resta. Encierra en un círculo las operaciones relacionadas.

I. $5 + 6 =$ ___
$11 - 6 =$ ___

2. $4 + 9 =$ ___
$9 - 4 =$ ___

3. $4 + 7 =$ ___
$11 - 7 =$ ___

4. $9 + 8 =$ ___
$17 - 8 =$ ___

5. $5 + 7 =$ ___
$7 - 5 =$ ___

6. $6 + 8 =$ ___
$14 - 8 =$ ___

Resolución de problemas

7. Usa estos números para escribir enunciados de suma y resta relacionados.

 6   7   8   9   15   16   17

___ + ___ = ___   ___ − ___ = ___

8. ESCRIBE ▸ Matemáticas Usa números y dibujos para mostrar las operaciones relacionadas con los números 7, 9 y 16.

Repaso de la lección

I. Escribe una operación relacionada para $7 + 6 = 13$.

_____ $\bigcirc$ _____ = _____

Repaso en espiral

2. Traza líneas para emparejar. Resta para comparar.
¿Cuántas menos hay que 🐦?

_____ − _____ = _____   _____ menos

3. Usa dobles para ayudarte a sumar $7 + 8$.

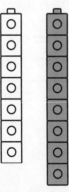

_____ + _____ + _____

Por lo tanto, $7 + 8 =$ _____.

$7 + 8$

PRACTICA MÁS CON EL
**Entrenador personal
en matemáticas**

Nombre _____

Usar la suma para comprobar la resta

Objetivo de aprendizaje Usarás la suma para comprobar la resta.

Pregunta esencial ¿Cómo puedes usar la suma para comprobar la resta?

Escucha y dibuja En el mundo

Dibuja y escribe para resolver el problema.

___ ◯ ___ ◯ ___

___ ◯ ___ ◯ ___

Charla matemática

Busca estructuras
¿Recibe Erin todos sus libros de vuelta? Usa los enunciados numéricos para explicar cómo lo sabes.

PARA EL MAESTRO • Lea el problema. Erin tiene 11 libros. Le pido prestados 4. ¿Cuántos libros tiene Erin? Dé tiempo a los niños para resolverlo en el espacio de arriba. Luego lea esta parte del problema: Le devuelvo 4 libros a Erin. ¿Cuántos libros tiene Erin ahora?

Representa y dibuja

¿Cómo puedes usar la suma
para comprobar la resta?

Restas una parte
del total. La
diferencia es la
otra parte.

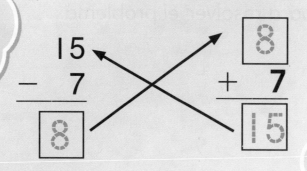

$$15 - 7 = 8$$

$$8 + 7 = 15$$

Cuando sumas las
partes, obtienes
el mismo total.

Comparte y muestra MATH BOARD

Resta. Luego suma para comprobar tu resultado.

1.

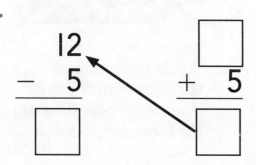

$$13 - 7 = \boxed{}$$

$$\boxed{} + 7 = \boxed{}$$

2.

$$14 - 5 = \boxed{}$$

$$\boxed{} + 5 = \boxed{}$$

3.

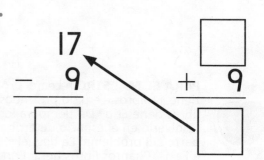

$$12 - 5 = \boxed{}$$

$$\boxed{} + 5 = \boxed{}$$

4.

$$17 - 9 = \boxed{}$$

$$\boxed{} + 9 = \boxed{}$$

Nombre _____

PRÁCTICAS Y PROCESOS MATEMÁTICOS **7** **Busca la estructura** Resta.
Luego suma para comprobar tu resultado.

5. $11 - 3 = \boxed{}$

$\boxed{} + 3 = \boxed{}$

6. $13 - 9 = \boxed{}$

$\boxed{} + 9 = \boxed{}$

7. **PIENSA MÁS** Brianna tiene 13 erizos de mar.
Algunos erizos de mar están rotos. Cinco
erizos de mar no están rotos. Escribe
enunciados numéricos sobre los erizos de mar.

___ ◯ ___ ◯ ___

___ ◯ ___ ◯ ___

Matemáticas al instante

8. **MÁS AL DETALLE** Resta para resolver. Luego
suma para comprobar tu resultado.

Liam lleva 15 globos a la
fiesta. Todos los globos eran
rojos menos 6. ¿Cuántos
globos rojos había?

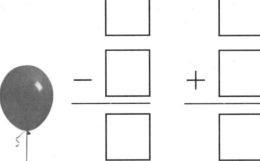

$$\boxed{} \quad \boxed{}$$
$$-\boxed{} \quad +\boxed{}$$

____ globos rojos

ACTIVIDAD PARA LA CASA • Escriba 11 − 7 = ☐ en una hoja de
papel. Pida a su niño que halle la diferencia y luego escriba un
enunciado de suma con el que pueda comprobar la resta.

Capítulo 5 • Lección 4

Revisión de la mitad del capítulo

Conceptos y destrezas

Suma o resta usando ▣ ▣. Completa las
operaciones relacionadas.

1.   □ + 8 = 14   14 − □ = 6

     8 + 6 = □   □ − □ = □

2. 7 + □ = 13   □ − 6 = 7

     6 + □ = 13   □ − □ = □

Suma y resta. Encierra en un círculo las
operaciones relacionadas.

3. 9 + 3 = ___ | **4.** 7 + 8 = ___ | **5.** ___ = 6 + 5

     9 − 3 = ___ | 15 − 8 = ___ | ___ = 6 − 5

6. **PIENSA MÁS ✚** Completa la resta. Luego
escribe un enunciado de suma para
comprobar la resta.

     11 − 2 = □

     ___ ◯ ___ ◯ ___

Usar la suma para comprobar la resta

Objetivo de aprendizaje Usarás la
suma para comprobar la resta.

**Resta. Luego suma para comprobar
tu resultado.**

1. $12 - 4 = \boxed{}$

   $\boxed{} + 4 = \boxed{}$

2. $15 - 9 = \boxed{}$

   $\boxed{} + 9 = \boxed{}$

Resolución de problemas

Resta.
Luego suma para comprobar tu resultado.

3. Hay 13 uvas en un tazón.
   Justin se comió algunas.
   Ahora quedan solo 7 uvas.
   ¿Cuántas uvas se comió Justin?

   ___ – ___ = ___

   ___ + ___ = ___

   ___ uvas

---

4. **ESCRIBE** **Matemáticas** Halla 12–9.
   Escribe o dibuja cómo puedes
   sumar para comprobar tu
   resultado.

Repaso de la lección

1. Resta. Luego suma para verificar tu resultado.

$$11 - 3 = \boxed{}$$

___ + ___ = ___

2. Resta. Luego suma para verificar tu resultado.

$$12 - 8 = \boxed{}$$

___ + ___ = ___

Repaso en espiral

3. Jonas recoge 10 duraznos.
Cuatro duraznos son pequeños.
El resto son grandes.
¿Cuántos son grandes?

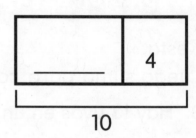

____ duraznos grandes

4. Encierra en un círculo dos sumandos que sumarás primero. Escribe la suma.

$$\begin{array}{r} 3 \\ 3 \\ +\,4 \\ \hline \end{array}$$

_____

_____

PRACTICA MÁS CON EL
Entrenador personal
en matemáticas

Nombre _____

Álgebra • Números desconocidos

Pregunta esencial ¿Cómo puedes usar una operación relacionada para hallar el número desconocido?

Objetivo de aprendizaje Usarás operaciones relacionadas para hallar números desconocidos.

Escucha y dibuja En el mundo

Escucha el problema. Usa para mostrar el cuento. Haz un dibujo que muestre tu trabajo.

Charla matemática

Describe ¿Cuántos carritos son azules? Explica cómo obtuviste tu respuesta.

PARA EL MAESTRO • Lea el problema. Calvin tiene 7 carritos rojos. Tiene otros carritos azules. Tiene 10 carritos en total. ¿Cuántos carritos azules tiene Calvin?

¿Cuáles son los números desconocidos?

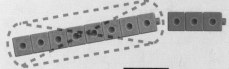

$8 + \boxed{3} = 11$

Aplica lo que sabes sobre operaciones relacionadas para hallar las partes desconocidas.

$11 - 8 = \boxed{3}$

Comparte y muestra  MATH BOARD

Usa ▣▣ para hallar los números desconocidos.
Escribe los números.

1. $8 + \boxed{} = 15$

   $15 - 8 = \boxed{}$

2. $13 = 9 + \boxed{}$

   $\boxed{} = 13 - 9$

3. $5 + \boxed{} = 14$

   $14 - 5 = \boxed{}$

4. $14 = 6 + \boxed{}$

   $\boxed{} = 14 - 6$

5. $9 + \boxed{} = 16$

   $16 - 9 = \boxed{}$

6. $17 = 8 + \boxed{}$

   $\boxed{} = 17 - 8$

Nombre _____

PISTA:
Usa operaciones relacionadas como ayuda.

PRÁCTICAS Y PROCESOS MATEMÁTICOS 7 **Identifica relaciones**

Escribe los números desconocidos. Usa  si los necesitas.

7. $7 + \boxed{} = 15$

$15 - 7 = \boxed{}$

8. $5 + \boxed{} = 11$

$11 - 5 = \boxed{}$

9. $\boxed{} + 10 = 20$

$20 - 10 = \boxed{}$

10. $\boxed{} + 9 = 16$

$16 - 9 = \boxed{}$

11. $\boxed{} = 9 + 9$

$9 = \boxed{} - 9$

12. $\boxed{} = 5 + 8$

$5 = \boxed{} - 8$

13. **PIENSA MÁS** Resuelve.
Rick tiene 10 sombreros de fiesta.
Necesita 19 sombreros para su fiesta.
¿Cuántos sombreros de fiesta más
necesita Rick?

Matemáticas al instante

_____ sombreros de fiesta

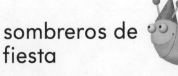

Resolución de problemas • Aplicaciones

 ESCRIBE ▸ **Matemáticas**

Usa cubos o haz un dibujo para resolver.

14. Todd tiene 12 conejos.
Le da 4 conejos a su hermana.
¿Cuántos conejos tiene
Todd ahora?

_____ conejos

15. Brad tiene 11 camiones.
Algunos son camiones
pequeños. Cuatro son
camiones grandes. ¿Cuántos
camiones pequeños tiene?

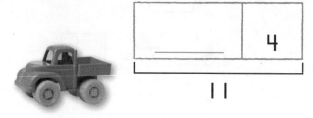

_____ camiones **pequeños**

16. MÁS AL DETALLE Hay 15 niños en el
parque. Seis niños regresan
a casa. Luego llegan 4 niños
más al parque. ¿Cuántos niños
hay en el parque ahora?

_____ niños

17. PIENSA MÁS Usa 🟥 🟥 para hallar los números
desconocidos. Escribe los números.

$$9 + \text{\_\_\_} = 17$$

$$17 - 9 = \text{\_\_\_}$$

 ACTIVIDAD PARA LA CASA • Pida a su niño que
explique cómo le puede servir la resta para
hallar el número desconocido en $7 + \square = 16$.

Nombre _____

Álgebra • Números desconocidos

Objetivo de aprendizaje Usarás operaciones relacionadas para hallar números desconocidos.

Escribe los números desconocidos.

Usa 🎲🎲 si lo necesitas.

1. $6 + \boxed{} = 13$

$13 - 6 = \boxed{}$

2. $9 + \boxed{} = 14$

$14 - 9 = \boxed{}$

3. $\boxed{} + 7 = 15$

$15 - 7 = \boxed{}$

4. $\boxed{} = 8 + 8$

$8 = \boxed{} - 8$

Resolución de problemas (En el mundo)

Usa cubos o haz un dibujo para resolver.

5. Sally tiene 9 camioncitos.
Le regalan 3 camioncitos más.
¿Cuántos camioncitos tiene
ahora?

_____ camioncitos

6. **ESCRIBE** • **Matemáticas** Usa palabras, dibujos o números, para mostrar cómo hallar los números desconocidos para $8 + \underline{} = 17$ y $17 - 8 = \underline{}$.

Repaso de la lección

I. Escribe el número desconocido.

$$9 + \boxed{} = 16$$

Repaso en espiral

2. ¿Cuánto es 14 − 6? (Lección 4.5)

Paso 1

Paso 2

Por lo tanto, 14 − 6 = ___.

3. Dibuja círculos para mostrar el número.
Escribe la suma. 0 + 8.

$$0 + 8 = \underline{}$$

PRACTICA MÁS CON EL
Entrenador personal
en matemáticas

Nombre _____

Álgebra • Usar operaciones relacionadas

Objetivo de aprendizaje Usarás una operación de suma relacionada para restar.

Pregunta esencial ¿Cómo puedes usar una operación relacionada para hallar el número desconocido?

Escucha y dibuja En el mundo

¿Qué número puedes sumarle a 8 para obtener 10? Haz un dibujo para resolver. Escribe el número desconocido.

$$8 + \boxed{} = 10$$

Charla matemática

Representa Describe cómo resolver este problema usando cubos.

PARA EL MAESTRO • Pida a los niños que hagan un dibujo y completen el enunciado numérico para hallar el número que se puede sumar a 8 para obtener 10.

Puedes hallar una operación de resta a través de una operación de suma relacionada.

Halla 10 − 3.

Sé que 3 + 7 = 10, por lo tanto, 10 − 3 = 7.

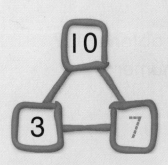

$3 + \underline{7} = 10$

$10 - 3 = \underline{7}$

Comparte y muestra MATH BOARD

Escribe los números desconocidos.

1. Halla 14 − 8.

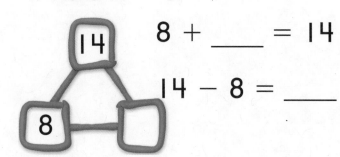

$8 + \underline{} = 14$

$14 - 8 = \underline{}$

2. Halla 17 − 8.

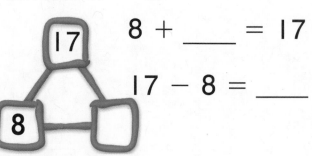

$8 + \underline{} = 17$

$17 - 8 = \underline{}$

3. Halla 11 − 6.

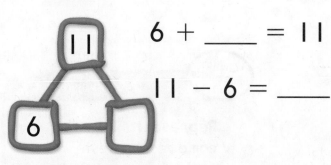

$6 + \underline{} = 11$

$11 - 6 = \underline{}$

4. Halla 15 − 9.

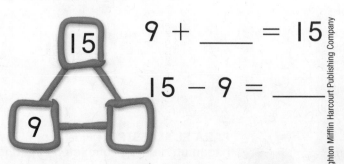

$9 + \underline{} = 15$

$15 - 9 = \underline{}$

Por tu cuenta

Escribe los números desconocidos.

5. Halla 20 − 10.

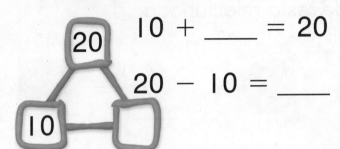

$10 + \underline{\quad} = 20$

$20 - 10 = \underline{\quad}$

6. Halla 13 − 4.

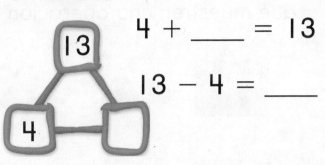

$4 + \underline{\quad} = 13$

$13 - 4 = \underline{\quad}$

7. Halla 12 − 7.

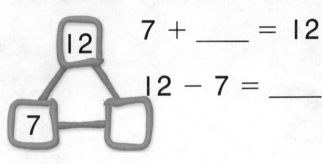

$7 + \underline{\quad} = 12$

$12 - 7 = \underline{\quad}$

8. Halla 15 − 8.

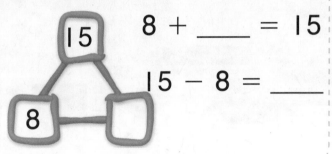

$8 + \underline{\quad} = 15$

$15 - 8 = \underline{\quad}$

MÁS AL DETALLE Escribe un enunciado de suma como ayuda para hallar la diferencia. Luego escribe el enunciado de resta relacionado para resolver.

9. Halla 11 − 5.

$\underline{\quad} + \underline{\quad} = \underline{\quad}$

$\underline{\quad} - \underline{\quad} = \underline{\quad}$

10. Halla 13 − 6.

$\underline{\quad} = \underline{\quad} + \underline{\quad}$

$\underline{\quad} = \underline{\quad} - \underline{\quad}$

Resolución de problemas • Aplicaciones En el mundo

ESCRIBE ▶ Matemáticas

PRÁCTICAS Y PROCESOS MATEMÁTICOS ② **Razonamiento abstracto** Observa las figuras del enunciado de suma. Dibuja figuras que muestren una operación de resta relacionada.

11.

■ + ▲ = ● ● − △ = ■

12.

▬ + ♥ = ◆ ◆ − ♥ = ___

13. **PIENSA MÁS**

⬭ + ★ = ■ ■ − ___ = ___

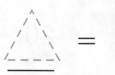

14. **PIENSA MÁS** ¿Cuál es el número desconocido en estas operaciones relacionadas?

$$\square + 5 = 12 \qquad 12 - 5 = \square$$

$$5 + \square = 12 \qquad 12 - \square = 5$$

5 ○   7 ○   8 ○   9 ○

ACTIVIDAD PARA LA CASA • Dé a su niño 5 objetos pequeños, como clips. Luego pregunte a su niño cuántos objetos más necesitaría para tener 12 en total.

Álgebra • Usar operaciones relacionadas

Objetivo de aprendizaje Usarás una operación de suma relacionada para restar.

Escribe los números desconocidos.

1. Halla $16 - 9$.

$$9 + \boxed{} = 16$$

$$16 - 9 = \boxed{}$$

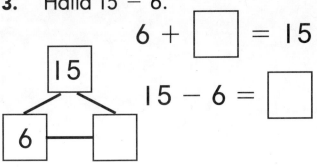

2. Halla $12 - 7$.

$$7 + \boxed{} = 12$$

$$12 - 7 = \boxed{}$$

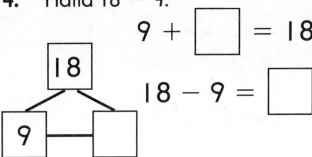

3. Halla $15 - 6$.

$$6 + \boxed{} = 15$$

$$15 - 6 = \boxed{}$$

4. Halla $18 - 9$.

$$9 + \boxed{} = 18$$

$$18 - 9 = \boxed{}$$

Resolución de problemas (En el mundo)

Observa las figuras del enunciado de suma.
Dibuja una figura para mostrar una operación
de resta relacionada.

5.

 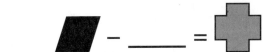

6. ✏ ESCRIBE ▸ **Matemáticas** Dibuja para
mostrar cómo resolver
$14 - 7 = \underline{}$ y $7 + \underline{} = 14$.

Repaso de la lección

I. Escribe una operación de suma que te sirva para resolver $12 - 4$.

___ + ___ = ___

Repaso en espiral

2. Encierra en un círculo el sumando mayor. Cuenta hacia adelante para hallar la suma.

$$
\begin{array}{r}
9 \\
+\ 3 \\
\hline
\end{array}
$$

3. Dibuja ⬛ para mostrar la operación de dobles. Escribe la suma.

$$
\begin{array}{r}
8 \\
+\ 8 \\
\hline
\end{array}
$$

PRACTICA MÁS CON EL Entrenador personal en matemáticas

Nombre _____

Elegir una operación

Pregunta esencial ¿Cómo decides cuándo sumar o cuándo restar para resolver un problema?

Objetivo de aprendizaje Decidirás cuándo usar la suma y cuándo usar la resta para resolver problemas del mundo real.

Escucha y dibuja

Escucha el problema. Usa ⬤ para resolver.
Haz un dibujo que muestre tu trabajo.

_____ globos blancos

PARA EL MAESTRO • Lea el siguiente problema. Kira tiene 16 globos. Hay 8 globos rosados. El resto son blancos. ¿Cuántos globos blancos tiene Kira?

Charla matemática

PRÁCTICAS Y PROCESOS MATEMÁTICOS 6

¿Cómo resolviste el problema? **Explica.**

Mary ve 8 ardillas. Jack ve 9 ardillas más que Mary. ¿Cuántas ardillas ve Jack?

¿Sumas o restas para resolver?

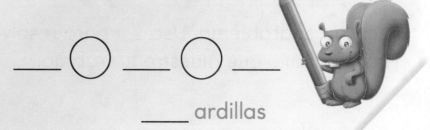

Explica cómo hiciste para resolver el problema.

(sumar) restar

____ ◯ ____ ◯ ____

____ ardillas

Comparte y muestra 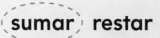 MATH BOARD

Encierra en un círculo **sumar** o **restar**.
Escribe un enunciado numérico para resolver.

1. Hanna tiene 5 marcadores.
   Owen tiene 9 marcadores más que Hanna. ¿Cuántos marcadores tiene Owen?

   sumar   restar

   ____ ◯ ____ ◯ ____

   ____ marcadores

2. Ángel tiene 13 manzanas.
   Regala algunas. Luego le quedaron 5 manzanas.
   ¿Cuántas manzanas regaló?

   sumar   restar

   ____ ◯ ____ ◯ ____

   ____ manzanas

3. Deon tiene 18 bloques. Construye una casa con 9 bloques. ¿Cuántos bloques le quedan a Deon?

   sumar   restar

   ____ ◯ ____ ◯ ____

   ____ bloques

Por tu cuenta

Encierra en un círculo **sumar** o **restar**.
Escribe un enunciado numérico para
resolver.

4. Rob ve 5 mapaches. Talia ve
4 mapaches más que Rob.
¿Cuántos mapaches ven en total?

_____ mapaches

sumar   restar

5. Eli tiene una caja con
12 huevos. Su otra caja no
tiene huevos. ¿Cuántos
huevos hay en las dos cajas?

_____ huevos

sumar   restar

6. Leah tiene una pecera con
16 peces. Algunos peces tienen cola
larga. Siete peces tienen cola
corta. ¿Cuántos peces tienen
cola larga?

_____ peces

sumar   restar

7. _MÁS AL DETALLE_ Sasha tiene
8 manzanas rojas. Tiene
3 manzanas verdes menos
que manzanas rojas. ¿Cuántas
manzanas tiene en total?

_____ manzanas

sumar   restar

Resolución de problemas • Aplicaciones (En el mundo)

PRÁCTICAS Y PROCESOS MATEMÁTICOS ❸ **Aplica** Elige una manera de resolver. Escribe o dibuja la explicación.

8. James tiene 4 marcadores gruesos y 7 marcadores finos. ¿Cuántos marcadores tiene?

_____ marcadores

9. Sam tiene 9 tarjetas de béisbol. Quiere tener 17 tarjetas. ¿Cuántas tarjetas más necesita?

_____ tarjetas más

10. PIENSA MÁS Annie recibe 15 monedas de 1¢ el lunes. Recibe 1 moneda de 1¢ más por día. ¿Cuántas monedas de 1¢ tiene el viernes?

_____ monedas de 1¢

11. PIENSA MÁS Beth tiene 5 uvas. Un amigo le regala 8 uvas. ¿Cuántas uvas tiene Beth ahora? Haz un dibujo que muestre tu trabajo.

Beth tiene _____ uvas.

 ACTIVIDAD PARA LA CASA • Pida a su niño que escriba un enunciado numérico que pueda usar para resolver el Ejercicio 9.

Elegir una operación

Objetivo de aprendizaje Decidirás cuándo usar la suma y cuándo usar la resta para resolver problemas del mundo real.

Encierra en un círculo sumar o restar.
Escribe un enunciado numérico para resolver.

I. Adam tiene una bolsa de 11 pretzels.
Come 2 pretzels.
¿Cuántos pretzels le quedan?

sumar   restar

_____

_____ pretzels

Resolución de problemas (En el mundo)

Elige una manera de resolver.
Escribe o dibuja la explicación.

2. Greg tiene 11 camisetas.
Tres son de manga larga.
El resto son de manga corta.
¿Cuántas camisetas de
manga corta tiene Greg?

_____ camisetas de manga corta

3. [ESCRIBE] Matemáticas Usa palabras,
números o dibujos para
explicar otra forma
de resolver el Ejercicio 2.

Repaso de la lección

1. Encierra en un círculo sumar o restar. Escribe un enunciado numérico para resolver. Hay 18 niños en el autobús. Luego bajaron 9 niños. ¿Cuántos niños quedan en el autobús?

sumar   restar

____ ◯ ____ = ____

Repaso en espiral

2. Elige una manera de resolver. Haz un dibujo o escribe para explicar. Mike tiene 13 plantas. Regaló algunas. Le quedan 4. ¿Cuántas plantas regaló?

____ plantas

3. Escribe los números 3, 2 y 8 en un enunciado de suma. Muestra dos maneras más de hallar la suma.

____ + ____ + ____ = ____

____ + ____ = ____

____ + ____ = ____

PRACTICA MÁS CON EL
Entrenador personal
en matemáticas

Nombre _____

Álgebra • Maneras de formar números hasta el 20

Pregunta esencial ¿Cómo puedes sumar y restar de diferentes maneras para formar el mismo número?

Objetivo de aprendizaje Sumarás y restarás de diferentes maneras para formar el mismo número.

Escucha y dibuja

Usa ▦ ▦. Muestra dos maneras de formar 10.
Haz un dibujo que muestre tu trabajo.

Manera uno	Manera dos

Charla matemática

PRÁCTICAS Y PROCESOS MATEMÁTICOS 5

Usa las Herramientas ¿Cómo muestran tus modelos maneras de formar 10?

🍎 **PARA EL MAESTRO** • Pida a los niños que usen cubos interconectables para mostrar dos formas de formar 10. Luego pídales que hagan dibujos que muestren esas dos formas.

¿Cómo puedes formar el número 12 de diferentes maneras?

Puedes sumar o restar para formar 12.

12
__6__ + __6__
__5__ + __4__ + __3__
__12__ – __0__

Comparte y muestra MATH BOARD

Usa . Escribe varias maneras de formar el número de arriba.

✓1.

13
___ + ___
___ – ___
___ + ___ + ___
___ + ___
___ ◯ ___

✓2.

10
___ – ___
___ + ___
___ – ___
___ + ___ + ___
___ ◯ ___

Nombre _____

PRÁCTICAS Y PROCESOS MATEMÁTICOS ⑤ Usa herramientas adecuadas

Usa . Escribe varias maneras de formar
el número de arriba.

3.

17
___ + ___ + ___
___ + ___
___ − ___
___ ◯ ___

4.

14
___ + ___
___ + ___ + ___
___ − ___
___ ◯ ___

5.

16
___ + ___
___ + ___ + ___
___ − ___
___ ◯ ___

6.

18
___ + ___
___ + ___
___ + ___ + ___
___ ◯ ___

PIENSA MÁS Elige un número menor que 20.
Escribe el número. Escribe dos maneras
de formar tu número.

7.

8.

Resolución de problemas • Aplicaciones

MÁS AL DETALLE Escribe números para que cada línea tenga la misma suma.

9.

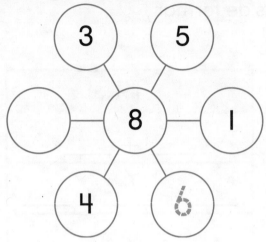

10.

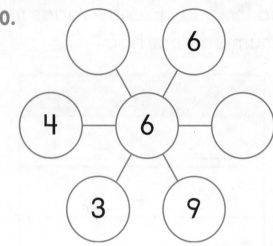

11. **MÁS AL DETALLE** Elige un número del 14 al 20 como la suma. Escribe números para que cada línea tenga tu suma.

suma de cada línea ☐

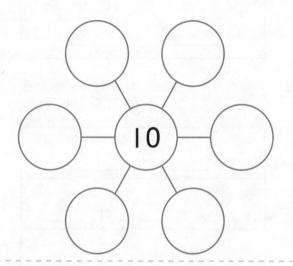

12. **PIENSA MÁS** Marca todas las formas de formar 13.

○ 10 + 3

○ 9 + 3 + 1

○ 8 + 2 + 2

ACTIVIDAD PARA LA CASA • Pida a su niño que explique tres maneras de formar 15. Anímelo a sumar o restar, e incluso a sumar tres números.

Álgebra • Maneras de formar números hasta el 20

Objetivo de aprendizaje Sumarás y restarás de diferentes maneras para formar el mismo número.

Usa . Escribe varias maneras de formar el número de arriba.

1.

10

2 + 7 + 1

5 + 5

10 − 0

9 ⊕ 1

2.

13

__ + __ + __

__ + __

__ − __

__ ◯ __

Resolución de problemas En el mundo

3. Escribe números para que cada línea tenga la misma suma.

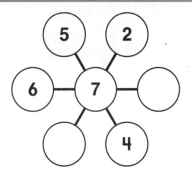

---

4. ESCRIBE ▸ Matemáticas Usa números y dibujos para mostrar dos maneras de formar el número 12.

_____

_____

_____

Repaso de la lección

1. Escribe varias maneras de formar 18.

18

___ + ___ + ___

___ + ___

___ − ___
___ ⊕ ___

2. Escribe varias maneras de formar 9.

9

___ + ___ + ___

___ + ___

___ − ___
___ ⊕ ___

Repaso en espiral

3. Escribe la operación de dobles más uno para 7 + 7.

___ + ___ = ___

4. Escribe la operación de dobles menos uno para 4 + 4.

___ + ___ = ___

5. Piensa en un enunciado de suma para ayudarte a restar.

14
− 9

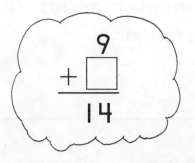

PRACTICA MÁS CON EL
Entrenador personal
en matemáticas

Nombre _____

Álgebra • Igual y no igual

Pregunta esencial ¿Cómo puedes saber si un enunciado numérico es verdadero o falso?

Objetivo de aprendizaje Decidirás si un enunciado numérico es verdadero o falso.

Escucha y dibuja

Colorea las tarjetas que forman el mismo número.

$2 + 6$	$12 - 6$	$6 + 1$

$13 - 6$	$3 + 3 + 1$	$10 + 6$

$3 + 4$	$4 + 3$	$5 + 2 + 5$

$3 + 2 + 2$	$11 - 2$	$16 - 9$

Charla matemática

PRÁCTICAS Y PROCESOS MATEMÁTICOS 2

Razona ¿Por qué puedes usar dos de las tarjetas que coloreas y un signo de la igualdad para formar un enunciado numérico?

PARA EL MAESTRO • Pida a los niños que coloreen las tarjetas que forman el mismo número.

El signo de la igualdad significa
que los dos lados son iguales.

Escribe un número para que
cada enunciado sea verdadero.

> 4 + 5 = 5 + 5 **no** es
> verdadero. Es falso.

$9 = \underline{9}$ $\qquad 4 + 5 = \underline{}$ $\qquad 4 + 5 = \underline{} + 4$

Comparte y muestra   MATH BOARD

> **PIENSA**
> ¿Son iguales los
> dos lados?

¿Qué enunciado es verdadero? Encierra
en un círculo tu respuesta. ¿Qué enunciado
es falso? Tacha tu respuesta.

1.
$$\boxed{7 = 8 - 1}$$

$$1 + 2 = 3 - 2$$

2.
$$4 + 1 = 5 + 2$$
$$6 - 6 = 7 - 7$$

✓ 3.
$$7 + 2 = 6 + 3$$
$$8 - 2 = 6 + 4$$

✓ 4.
$$5 - 4 = 4 - 3$$
$$10 = 1 + 0$$

Nombre _____

PRÁCTICAS Y PROCESOS MATEMÁTICOS 6 **Prestar atención a la precisión**

¿Qué enunciados son verdaderos? Encierra en un círculo tus respuestas.

¿Qué enunciados son falsos? Tacha tus respuestas.

5.

$1 + 9 = 9 - 1$ $8 + 1 = 2 + 7$ $19 = 19$

6.

$9 + 7 = 16$ $16 - 9 = 9 + 7$ $9 - 7 = 7 + 9$

7. **PIENSA MÁS** Lyle escribe el enunciado numérico falso $2 + 10 = 8$. Completa el enunciado numérico para que el enunciado sea verdadero.

$2 + \underline{\quad} = 8$

Escribe números para que los enunciados sean verdaderos.

8.

$2 + 10 = 7 + \underline{\quad}$

9.

$\underline{\quad} = 2 + 3 + 4$

10.

$0 + 9 = \underline{\quad} - 9$

11.

$\underline{\quad} + 7 = 7 + 6$

12. **PIENSA MÁS** Escribe números para formar expresiones de igual valor.

$\underline{\quad} + \underline{\quad} = \underline{\quad} + \underline{\quad}$

© Houghton Mifflin Harcourt Publishing Company

Resolución de problemas • Aplicaciones

13. ¿Qué enunciados son verdaderos? Usa ✏ para colorear.

$20 = 20$	$9 + 1 + 1 = 11$	$8 - 0 = 8$
$12 = 1 + 2$	$10 + 1 = 1 + 10$	$7 = 14 + 7$

$6 = 2 + 2 + 2$
$11 - 5 = 1 + 5$
$1 + 2 + 3 = 4 + 5$

14. **PIENSA MÁS** Usa los mismos números.
Escribe otro enunciado numérico
que sea verdadero.

$$7 + 8 = 15$$

$$\underline{} = \underline{} \bigcirc \underline{}$$

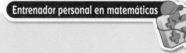

Entrenador personal en matemáticas

15. **PIENSA MÁS +** ¿Es verdadero el enunciado
matemático? Elige Sí o No.

$5 - 4 = 9 - 8$	○ Sí	○ No
$13 = 5 + 7$	○ Sí	○ No
$6 + 2 = 2 + 6$	○ Sí	○ No

ACTIVIDAD PARA LA CASA • Escriba $10 = 7 - 3$
y $10 = 7 + 3$ en una hoja de papel. Pida a su niño
que explique qué enunciado es verdadero.

Álgebra • Igual y no igual

Objetivo de aprendizaje Decidirás si un enunciado numérico es verdadero o falso.

¿Qué enunciados son verdaderos?
Encierra en un círculo tus respuestas.
¿Qué enunciados son falsos? Tacha tus respuestas.

1. $6 + 4 = 5 + 5$

2. $10 = 6 - 4$

3. $8 + 8 = 16 - 8$

4. $14 = 1 + 4$

5. $8 - 0 = 12 - 4$

6. $17 = 9 + 8$

Resolución de problemas En el mundo

7. ¿Qué enunciados son verdaderos?
   Colorea con un ⬭⬭⬭⬭⬭.

$15 = 15$	$12 = 2$	$3 = 8 - 5$
$15 = 1 + 5$	$9 + 2 = 2 + 9$	$9 + 2 = 14$
$1 + 2 + 3 = 3 + 3$	$5 - 3 = 5 + 3$	$13 = 8 + 5$

8. **ESCRIBE** **Matemáticas** Escribe
   $5 + \square = 6 + 8$. Escribe
   un número para hacer el
   enunciado verdadero. Haz un
   dibujo rápido para explicar.

Repaso de la lección

I. Encierra en un círculo los enunciados numéricos que son verdaderos. Tacha los que son falsos.

$$4 + 3 = 9 - 2 \qquad 4 + 3 = 9 + 2$$

$$4 + 3 = 4 - 3 \qquad 4 + 3 = 6 + 1$$

Repaso en espiral

2. Usa 5, 6 y 11 para escribir los enunciados de suma y resta relacionados.

___ $\oplus$ ___ $=$ ___

___ $\oplus$ ___ $=$ ___

___ $\ominus$ ___ $=$ ___

___ $\ominus$ ___ $=$ ___

3. Resuelve. Dibuja o escribe para mostrar tu trabajo. Leah tiene 4 juguetes verdes, 5 juguetes rosados y 2 juguetes azules. ¿Cuántos juguetes tiene Leah?

_____ juguetes

___ ○ ___ ○ ___ ○ ___

PRACTICA MÁS CON EL
Entrenador personal
en matemáticas

Nombre _____

Operaciones básicas hasta el 20

Pregunta esencial ¿Cómo te pueden ayudar las estrategias de suma y resta para hallar totales y diferencias?

Objetivo de aprendizaje Usarás estrategias de suma y de resta para ayudarte a hallar totales y diferencias.

Escucha y dibuja

¿Cuánto es 2 + 8?
Usa ⬤. Haz un dibujo que muestre una estrategia que puedas usar para resolver.

2 + 8 = _____

Charla matemática

PRÁCTICAS Y PROCESOS MATEMÁTICOS   6

Explica ¿Qué otra estrategia podrías usar para resolver la operación de suma?

PARA EL MAESTRO • Pida a los niños que hagan un modelo de una estrategia para resolver la operación de suma usando fichas de dos colores. Luego pídales que hagan un dibujo que muestre la estrategia que usaron.

Sam lee un cuento que tiene
10 páginas. Ha leído 4 páginas.
¿Cuántas páginas le quedan
por leer?

PIENSA
Puedo resolver
10 − 4 usando una
operación de suma
relacionada.

¿Cuánto es 10 − 4?

$4 + \boxed{6} = 10$

Por lo tanto, $10 - 4 = \underline{6}$.

Comparte y muestra

Suma o resta.

1. $2 + 5 = \underline{}$

2. $9 - 6 = \underline{}$

3. $\underline{} = 9 + 3$

4. $15 - 7 = \underline{}$

5. $3 - 1 = \underline{}$

6. $\underline{} = 2 + 6$

7. $2 + \boxed{} = 11$

8. $10 - \boxed{} = 2$

9. $8 = 8 + \boxed{}$

10. $12 - 9 = \underline{}$

11. $12 - 4 = \underline{}$

12. $\underline{} = 4 + 9$

13. $\boxed{} + 8 = 13$

14. $\boxed{} - 1 = 6$

15. $9 = \boxed{} + 3$

16. $16 - 7 = \underline{}$

17. $11 - 8 = \underline{}$

18. $\underline{} = 8 + 7$

Nombre _____

Por tu cuenta

PRÁCTICAS Y PROCESOS MATEMÁTICOS **6** Presta atención a la precisión

Suma o resta.

19. $\begin{array}{r} 6 \\ + 0 \\ \hline \end{array}$
20. $\begin{array}{r} 17 \\ - 8 \\ \hline \end{array}$
21. $\begin{array}{r} 7 \\ + 4 \\ \hline \end{array}$
22. $\begin{array}{r} 9 \\ - 0 \\ \hline \end{array}$
23. $\begin{array}{r} 17 \\ - 9 \\ \hline \end{array}$
24. $\begin{array}{r} 4 \\ + 6 \\ \hline \end{array}$

25. $\begin{array}{r} 7 \\ + \square \\ \hline 10 \end{array}$
26. $\begin{array}{r} 8 \\ - \square \\ \hline 3 \end{array}$
27. $\begin{array}{r} 8 \\ + \square \\ \hline 11 \end{array}$
28. $\begin{array}{r} 8 \\ - \square \\ \hline 2 \end{array}$
29. $\begin{array}{r} 10 \\ - \square \\ \hline 6 \end{array}$
30. $\begin{array}{r} 9 \\ + \square \\ \hline 17 \end{array}$

31. $\begin{array}{r} 6 \\ + 7 \\ \hline \end{array}$
32. $\begin{array}{r} 4 \\ - \square \\ \hline 0 \end{array}$
33. $\begin{array}{r} 5 \\ + \square \\ \hline 11 \end{array}$
34. $\begin{array}{r} 13 \\ - 6 \\ \hline \end{array}$
35. $\begin{array}{r} 17 \\ - 9 \\ \hline \end{array}$
36. $\begin{array}{r} 8 \\ + \square \\ \hline 16 \end{array}$

37. $\begin{array}{r} 10 \\ + 5 \\ \hline \end{array}$
38. $\begin{array}{r} 13 \\ - 3 \\ \hline \end{array}$
39. $\begin{array}{r} 10 \\ + \square \\ \hline 13 \end{array}$
40. $\begin{array}{r} 20 \\ - 10 \\ \hline \end{array}$
41. $\begin{array}{r} 10 \\ - \square \\ \hline 9 \end{array}$
42. $\begin{array}{r} 9 \\ + \square \\ \hline 19 \end{array}$

43. **PIENSA MÁS** Usa las pistas para escribir la operación de suma. El total es 14. Un sumando tiene 2 más que el otro.

$$\begin{array}{r} \square \\ + \square \\ \hline \square \end{array}$$

Resolución de problemas · Aplicaciones ESCRIBE ▶ Matemáticas

Resuelve. Escribe o dibuja la explicación.

44. Hay 14 conejos. Luego 7 conejos se van saltando. ¿Cuántos conejos quedan?

_____ conejos

45. Hay 11 perros en el parque. Dos perros son grises. El resto son marrones. ¿Cuántos perros son marrones?

_____ perros marrones

46. MÁS AL DETALLE Completa los espacios en blanco. Escribe la operación de suma. Resuelve.

Hay _____ **mariquitas** en una hoja.

Luego llegan _____ mariquitas más.¿Cuántas mariquitas hay ahora?

_____ mariquitas

47. PIENSA MÁS Marco tiene 13 canicas. Lucy tiene 8 canicas. ¿Cuántas canicas más que Lucy tiene Marco? Escribe o haz un dibujo que muestre tu trabajo.

_____ canicas más

 ACTIVIDAD PARA LA CASA • Pida a su niño que haga un dibujo para resolver 7 + 4. Luego pídale que diga una operación de resta relacionada.

Operaciones básicas hasta el 20

Objetivo de aprendizaje Usarás estrategias de suma y de resta para ayudarte a hallar totales y diferencias.

Suma o resta.

1. $\begin{array}{r} 4 \\ + 9 \\ \hline \end{array}$	**2.** $\begin{array}{r} 13 \\ - 6 \\ \hline \end{array}$	**3.** $\begin{array}{r} 4 \\ + 5 \\ \hline \end{array}$

4. $\begin{array}{r} 8 \\ + 7 \\ \hline \end{array}$ **5.** $\begin{array}{r} 11 \\ - 6 \\ \hline \end{array}$ **6.** $\begin{array}{r} 17 \\ - 8 \\ \hline \end{array}$

7. $\begin{array}{r} 5 \\ + 7 \\ \hline \end{array}$ **8.** $\begin{array}{r} 13 \\ - 5 \\ \hline \end{array}$ **9.** $\begin{array}{r} 16 \\ - 9 \\ \hline \end{array}$ **10.** $\begin{array}{r} 3 \\ + 8 \\ \hline \end{array}$ **11.** $\begin{array}{r} 9 \\ - 8 \\ \hline \end{array}$ **12.** $\begin{array}{r} 7 \\ + 6 \\ \hline \end{array}$

13. $\begin{array}{r} 9 \\ - \square \\ \hline 7 \end{array}$ **14.** $\begin{array}{r} 6 \\ + \square \\ \hline 10 \end{array}$ **15.** $\begin{array}{r} 8 \\ - \square \\ \hline 3 \end{array}$ **16.** $\begin{array}{r} 6 \\ + \square \\ \hline 12 \end{array}$ **17.** $\begin{array}{r} 0 \\ + \square \\ \hline 9 \end{array}$ **18.** $\begin{array}{r} 15 \\ - \square \\ \hline 6 \end{array}$

Resolución de problemas

Resuelve. Escribe o dibuja la explicación.

19. Karla tiene 9 dibujos. Regala 4. ¿Cuántos dibujos tiene Karla ahora?

_____ dibujos

20. **ESCRIBE** ▶ **Matemáticas** Elige dos números del 5 al 9. Utiliza tus números para escribir una operación de suma. Haz un dibujo para mostrar tu trabajo.

Repaso de la lección

I. Suma o resta.

$$\begin{array}{r} 14 \\ -\ 7 \\ \hline \end{array} \qquad \begin{array}{r} 15 \\ -\ 6 \\ \hline \end{array} \qquad \begin{array}{r} 8 \\ +\ 7 \\ \hline \end{array} \qquad \begin{array}{r} 5 \\ +\ 8 \\ \hline \end{array}$$

Repaso en espiral

2. ¿Qué número falta?
Escribe el sumando que falta.

$$7 + \boxed{} = 12$$

3. Greg sabe $7 + 4 = 11$. ¿Qué otra
operación de suma sabe que muestra
los mismos sumandos? Escribe la nueva operación.

$$\underline{} + \underline{} = \underline{}$$

PRACTICA MÁS CON EL
**Entrenador personal
en matemáticas**

Repaso y prueba del Capítulo 5

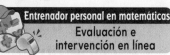

1. Hay 2 perros en el parque. Vienen más perros. Ahora hay 9 en total. ¿Cuántos perros vinieron?

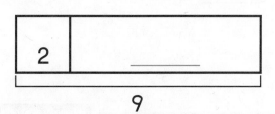

2 perros _____ vienen   9 perros en total

---

2. ¿Cuál es una operación relacionada?

$$5 + 3 = 8 \qquad 8 - 5 = 3$$
$$3 + 5 = 8 \qquad\quad ?$$

$8 - 3 = 5$ $8 + 5 = 13$ $8 + 3 = 11$ $5 - 3 = 2$
   ○   ○   ○   ○

---

3. Observa las operaciones. ¿Son operaciones relacionadas? Elige Sí o No.

$$14 - 6 = 8 \qquad\qquad 8 + 6 = 14$$

Sí   No

4. Tom ve 12 abejas. 7 abejas salen volando.
¿Cuántas abejas ve ahora?

Escribe un enunciado numérico para resolver. Luego escribe un enunciado de suma para comprobar.

____ ◯ ____ ◯ ____

____ ◯ ____ ◯ ____

5. **PIENSA MÁS +** Usa , para hallar los números desconocidos. Escribe los números.

$$6 + \underline{\quad} = 16$$

$$16 - 6 = \underline{\quad}$$

6. ¿Cuál es el número desconocido en estas operaciones relacionadas?

$$\boxed{\quad} + 4 = 13 \qquad 13 - 4 = \boxed{\quad}$$

$$4 + \boxed{\quad} = 13 \qquad 13 - \boxed{\quad} = 4$$

    5   7   8   9

  ◯   ◯   ◯   ◯

7. Joe tiene 7 canicas azules. Un amigo le da 6 canicas rojas. ¿Cuántas canicas tiene Joe ahora? Haz un dibujo que muestre tu trabajo.

Joe tiene _____ canicas.

8. Marca todas las maneras de formar 12.

- ○ 4 + 8
- ○ 6 + 5
- ○ 5 + 5 + 2

9. ¿Es correcto el enunciado matemático? Elige Sí o No.

7 + 2 = 9 − 2	○ Sí	○ No
9 = 6 + 3	○ Sí	○ No
5 + 4 = 4 + 5	○ Sí	○ No

10. Ann tiene 14 medias blancas. Bill tiene 6 medias blancas. ¿Cuántas medias blancas más que Bill tiene Ann? Escribe o haz un dibujo que muestre tu trabajo.

_____ medias blancas más

---

11. MÁS AL DETALLE Alma tiene 5 crayones. Su papá le regala 7 crayones más. ¿Cuántos crayones tiene ahora? Usa una operación relacionada para comprobar tu respuesta.

Alma tiene _____ crayones.

Escribe una operación relacionada para comprobar.

_____ – _____ = 5

---

12. Julia compra 12 libros. Regala 9 libros. ¿Cuántos libros le quedan?

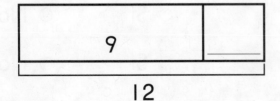

9	
12	

_____ libros quedan

Glosario ilustrado

centena hundred

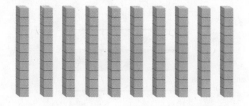

10 decenas es igual a
1 **centena**.

cero 0 zero

Cuando sumas **cero**
a cualquier número, el total
es el mismo número.

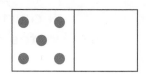

$5 + \mathbf{0} = 5$

cilindro cylinder

círculo circle

comparar compare

Resta para **comparar**
los grupos.

$5 - 1 = 4$

Hay más .

cono cone

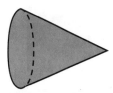

contar hacia adelante count on

$4 + 2 = 6$

Di 4.

Cuenta hacia adelante 2.

5, 6

cuarta parte de quarter of

Una **cuarta parte de** esta figura está sombreada.

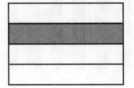

contar hacia atrás count back

$8 - 1 = 7$

Comienza en 8.

Cuenta hacia atrás 1.

Estás en 7.

cuartas partes quarters

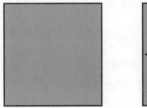

1 entero   4 cuartos
o 4 **cuartas partes**

cuadrado square

cuarto de fourth of

Un **cuarto de** esta figura está sombreado.

H2

cuartos fourths

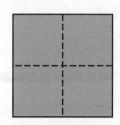

1 entero

4 cuartos o
4 cuartas partes

cubo cube

decena ten

10 unidades = 1 **decena**

diferencia difference

$$4 - 3 = 1$$

La **diferencia** es 1.

dígito digit

El 13 es un número de dos
dígitos.

El 1 en el 13 significa 1 decena.
El 3 en el 13 significa 3 unidades.

dobles doubles

$$5 + 5 = 10$$

dobles más uno
doubles plus one

5 + 5 = 10, por lo tanto
5 + 6 = 11

---

dobles menos uno
doubles minus one

5 + 5 = 10, por lo tanto 5 + 4 = 9

---

el más corto shortest

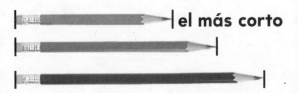

---

el más largo longest

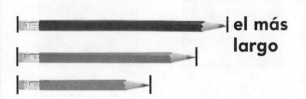

---

enunciado de resta
subtraction sentence

4 − 3 = 1 es un
enunciado de resta.

---

enunciado de suma
addition sentence

2 + 1 = 3 es un
enunciado de suma.

es igual a (=) is equal to

2 más l **es igual a** 3.

$$2 + 1 = 3$$

esfera sphere

---

es mayor que is greater than

35 **es mayor que** 27.

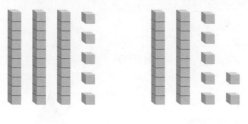

$$35 > 27$$

formar una decena make a ten

Pon 2 fichas dentro
del cuadro de diez.
Forma una decena.

$$\begin{array}{r} 8 \\ + 4 \\ \hline 12 \end{array}$$

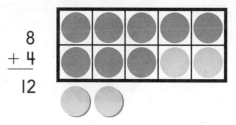

---

es menor que is less than

43 **es menor que** 49.

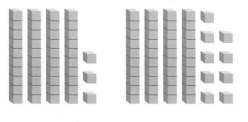

$$43 < 49$$

pictografía picture graph

Nuestra actividad favorita de la feria							
🦌 animales	⚲	⚲	⚲	⚲	⚲		
🎠 juegos	⚲	⚲	⚲	⚲	⚲	⚲	⚲

Cada ⚲ representa l niño.

gráfica de barras bar graph

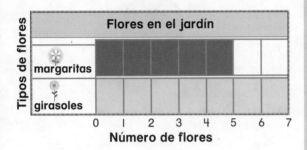

hexágono hexagon

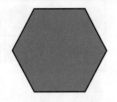

hora hour

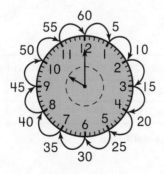

En una **hora** hay 60 minutos.

horario hour hand

lado side

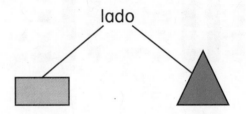

marca de conteo tally mark

||||

Cada **marca de conteo** |
representa I. |||| representa 5.

más more

$$5 - 1 = 4$$
Hay **más** ⬤.

menos fewer

Hay 3 🐦 **menos**.

---

más (+) plus

2 **más** 1 es igual a 3.
$$2 + 1 = 3$$

menos (−) minus

4 **menos** 3 es igual a 1.
$$4 - 3 = 1$$

---

media hora half hour

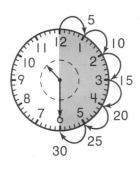

En **media hora** hay
30 minutos.

minutero minute hand

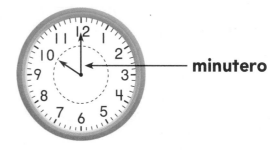

minutero

minutos minutes

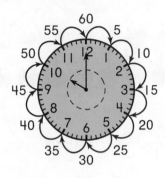

En una hora hay
60 **minutos.**

mitad de half of

La **mitad de** esta figura
está sombreada.

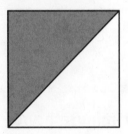

mitades halves

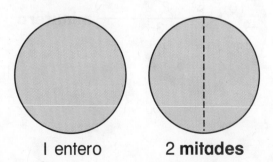

1 entero   2 **mitades**

operaciones relacionadas
related facts

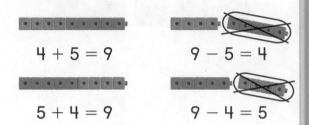

$4 + 5 = 9$ $9 - 5 = 4$

$5 + 4 = 9$ $9 - 4 = 5$

orden order

Puedes cambiar el **orden**
de los sumandos.

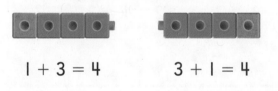

$1 + 3 = 4$ $3 + 1 = 4$

partes desiguales
unequal parts

Estos cuadrados muestran
partes desiguales o
porciones desiguales.

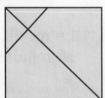

partes iguales equal parts

Estos cuadrados muestran **partes iguales** o porciones iguales.

 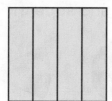

porciones desiguales
unequal shares

Estos cuadrados muestran partes desiguales o **porciones desiguales.**

 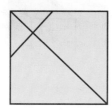

porciones iguales
equal shares

Estos cuadrados muestran partes iguales o **porciones iguales.**

prisma rectangular
rectangular prism

Un cubo es un tipo especial de prisma rectangular.

rectángulo rectangle

Un cuadrado es un tipo especial de rectángulo.

restar subtract

Resta para descubrir cuántos hay.

suma sum

2 más I es igual a 3.
La **suma** es 3.

sumando addend

$$1 + 3 = 4$$

sumando

sumar add

$$3 + 2 = 5$$

superficie curva
curved surface

Ciertas figuras
tridimensionales tienen
una **superficie curva**.

superficie plana flat surface

Algunas figuras
tridimensionales tienen
solo **superficies planas**.

 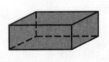

tabla de conteo tally chart

Niños y niñas de nuestra clase		Total
niños	IIII IIII	9
niñas	IIII I	6

trapecio trapezoid

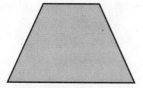

triángulo triangle

unidades ones

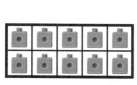

10 **unidades** = 1 decena

vértice vertex

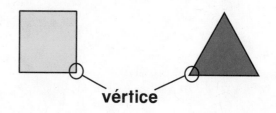

vértice

© Houghton Mifflin Harcourt Publishing Company

S

Videos de Matemáticas al instante,
En cada lección de la Edición para
el estudiante. Algunos ejemplos
son: 90, 108, 339, 375, 642